Champagne

シャンパン歴史物語

その栄光と受難

ドン&ペティ・クラドストラップ　平田紀之［訳］

白水社

シャンパン歴史物語

その栄光と受難

CHAMPAGNE
How the World's Most Glamorous Wine
Triumphed Over War and Hard Times
by Don and Petie Kladstrup

その苦難と犠牲によって、世界中の人々に
歓びをもたらすワインを生み出した
ブドウ栽培者とシャンパンメーカーに

みなさん、危機と破滅のあいだでわれわれに残されたわずかな時間に、
一杯のシャンパンを味わうのがよろしいでしょう。

フランスの詩人にして、駐日、駐米大使などを歴任した
ポール・クローデル

シャンパン歴史物語

その栄光と受難

目次

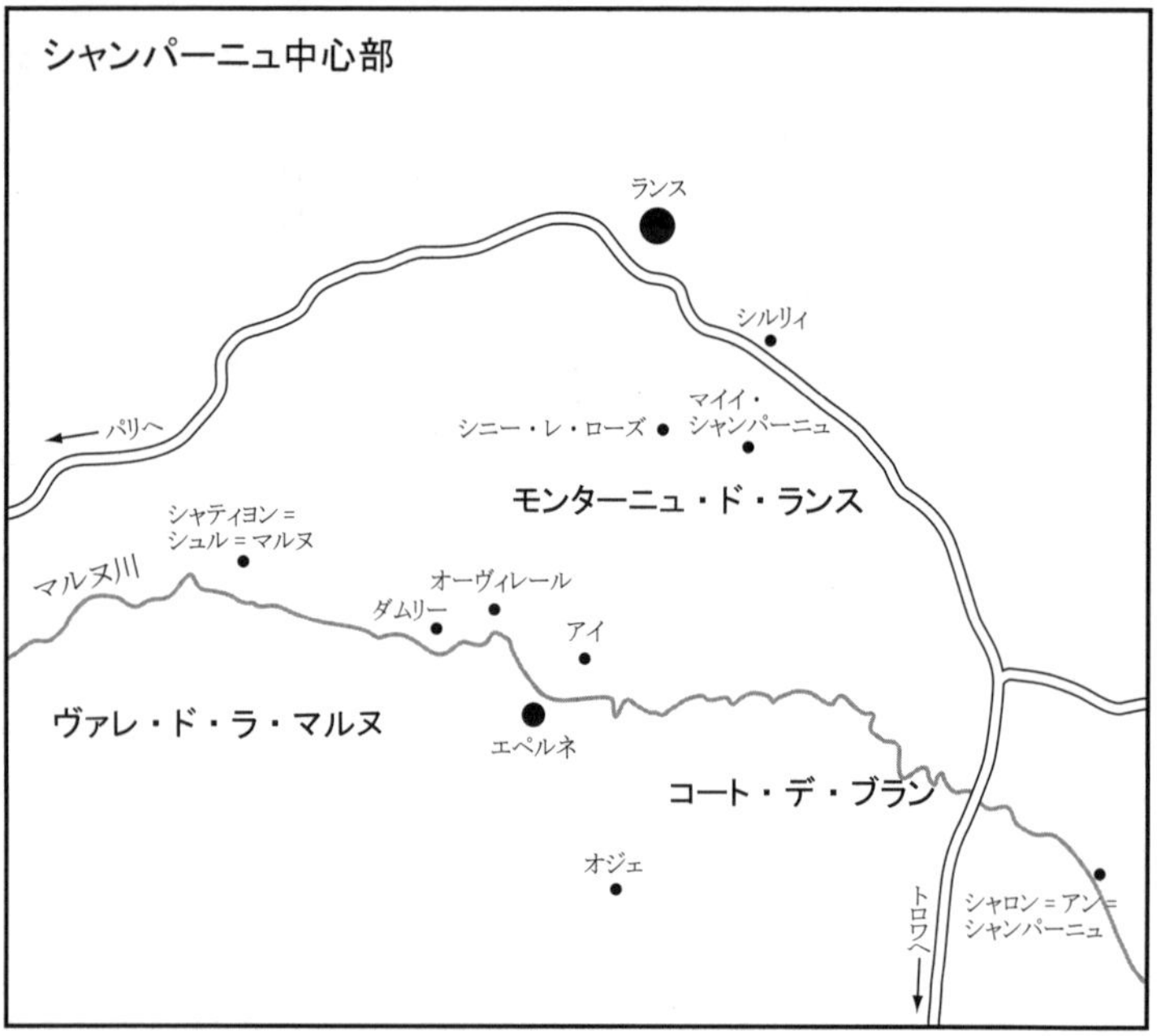
シャンパーニュ中心部
ランス
シルリィ
マイイ・
シャンパーニュ
シニー・レ・ローズ
パリへ
モンターニュ・ド・ランス
シャティヨン＝
シュル＝マルヌ
マルヌ川
オーヴィレール
ダムリー
アイ
ヴァレ・ド・ラ・マルヌ
エペルネ
コート・デ・ブラン
オジェ
トロワへ
シャロン＝アン＝
シャンパーニュ

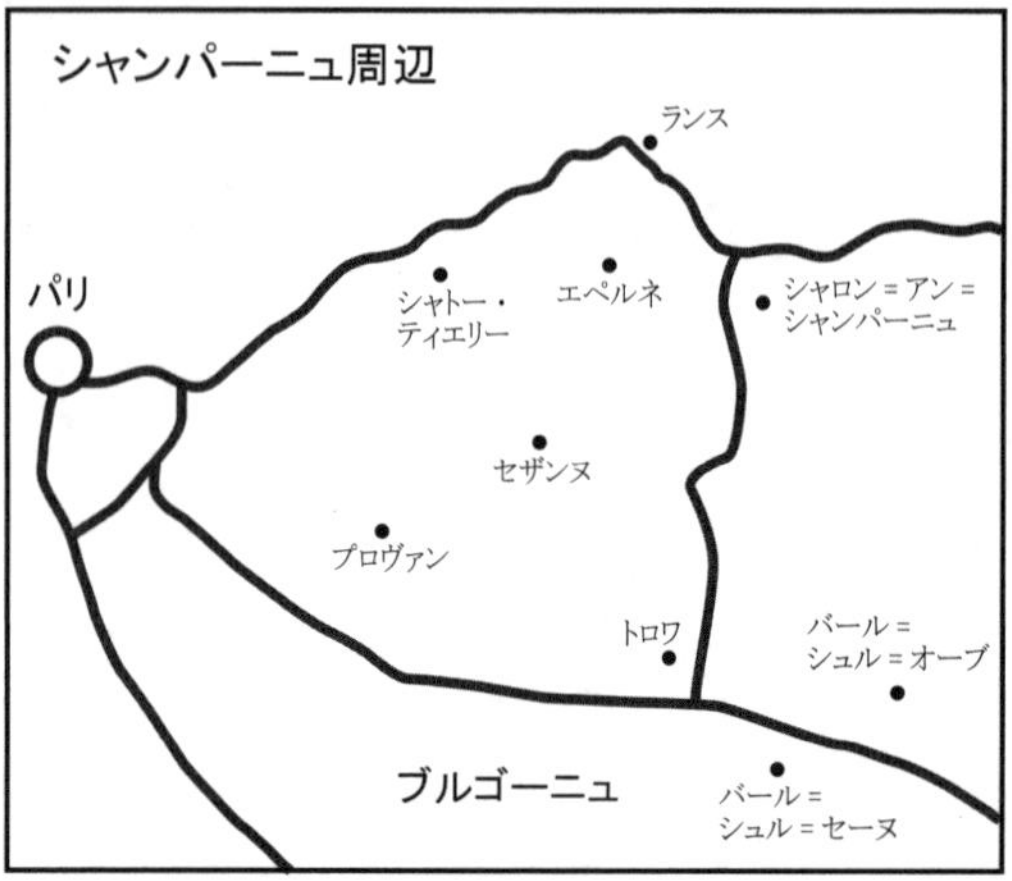
シャンパーニュ周辺
ランス
パリ
シャトー・
ティエリー
エペルネ
シャロン＝アン＝
シャンパーニュ
セザンヌ
プロヴァン
トロワ
バール＝
シュル＝オーブ
ブルゴーニュ
バール＝
シュル＝セーヌ

序章　この神聖な土地

私たちはそこがシャンパーニュ地方でとびきり美しい場所だと聞いていた。小さな流れを渡り、みすぼらしい森を抜けると、切りひらかれた美しい土地に出るという話だ。ピクニックにはもってこいの場所に聞こえたので、私たちは薄切りのパテにチーズの大きな塊、そして焼きたてのバゲットを持って出発した。そうもちろん、よく冷えたシャンパンもひと瓶持っていった。

目的地に近づくにつれ、朝霧が立ちのぼってきた。ラ・シェップという遠くの小さな村の教会で鳴らす鐘の音が聞こえた。九時を過ぎたところだ。わずか二時間前、私たちはパリにいた。今、車を停めて小さな森の中を歩いていると、別世界に運ばれてきたような気がする。

目の前には、フン族アッティラの古《いにしえ》の野営地があった。一瞬、私たちは面食らった。それは想像していたようなきれいなこぢんまりした場所ではなく、むしろ広々した楕円形の草原だった。差しわたし八〇〇メートルほどで、土塁に囲まれている。私たちの姿を目にして森に逃げこんだ三頭の鹿を除けば、動くものはなかった。

ここ、この静かな場所で、紀元四五一年の九月二十一日、その残虐ぶりが伝説となっているフン族の戦士にして族長であるアッティラが、自軍七十万の軍勢に説いた、「あと一撃でお前たちは全世界の支配者になる」。これに呼応した全軍の咆哮は敵の心を恐怖で震えあがらせたに違いない。敵とは、東からやってきたこの不気味な危難に立ち向かうために西ローマ帝国と手を組んだガリア人、西ゴート人、そしてフランク人である。

続いて起こったのは、史上稀に見る血なまぐさい戦いだった。わずか一日で二十万人が虐殺され、そのずたずたになった死体はシャンパーニュの野や丘に散らばった。アッティラとその軍団は敗走した。戦いの前、彼は宣言していた。自分の「馬の踏むところは、どこであれ二度と一木一草たりとも生えることはなかろう」と[1]。

彼は間違っていた。野営地を囲む土塁には、ソダやハンノキやトネリコが生い茂っている。その下の地面にはアカフサスグリやテマリカンボクが競って陽ざしの名残りを受けようとしていた。

私たちは木の根がびっしりと張った小道をたどって土塁の頂上まで登り、その上を歩きはじめた。小枝や茨から身をかわしながら、はるか昔のその日のありさまを心に浮かべようとしてみた。なんとピクニックには似つかわしくない場所だろうと私たちは思った。だがそれから、シャンパン――友情と祝賀の象徴であるワイン――とシャンパーニュ――おそらく地球上のどこよりも多くの血が流れた地域――の双方を考察しようとするのにこれほどふさわしい場所はないと思い直した（シャンパンとシャンパーニュは、フランス語ではともにchampagne（シャンパーニュ）だが、前者は小文字で始まり、後者は固有名詞なのでもちろん大文字で始まる）。

考えてもみてほしい――百年戦争、三十年戦争、一連の宗教戦争、フロンドの乱と呼ばれるすさまじい内戦、ナポレオン戦争、スペイン継承戦争――、これらのほとんどすべてが当初シャンパーニュで戦われたのだ。こういった戦争の前にも、シャンパーニュはチュートン人、キンブリ人（ユトランド半島に起こったと言われるゲルマン民族。紀元前二世紀末にローマに滅ぼされた）、ヴァンダル人、ゴート人など、東から来た部族に蹂躙《じゅうりん》された。彼らのあとにローマ人がやってきて、紀元前一世紀の終わりまでにはガリア全域を征服し、シャンパーニュともども帝国に併合した。ある歴史家は書いている。「太古の昔から、シャンパーニュは有り余るほどの侵略に苦しんできた」

幸いにして、ローマ人はその先蹤者たち以上に、この地を文明化へ導く舵取りをした。彼らは最初のブドウ畑を拓き、神殿や道路の建設のために石灰岩を切り出した。ローマ人が残した石切り場は何世紀もあとになって再発見され、巨大なクレイェール（石灰岩の洞穴）に変身して、今日シャンパンを貯蔵したり、寝かせておくために使われている。

ローマ人はまた、自分たちの法律も持ちこんだ。その中には、隣人のブドウ畑を襲ったり荒らしたりした者への刑罰を記した一条がある。これは何十年かのちにフランク人がそのサリカ法典（フランク人に属するフランクサリ支族が制定した法律。フランクサリはのちにメロヴィング王朝を興した）に取り入れることになる法律だ。

しかし、そのローマ人でさえ、母なる大地を支配することはできなかった。紀元七九年のヴェスヴィアス山噴火はポンペイを破壊しただけではなく、ローマの最良のブドウ畑も埋めつくしてしまった。一夜にして帝国中のワインが欠乏することになり、皇帝ドミティアヌスは穀物を栽培していた広大な面積の土地をワイン畑に変えるよう命じた。こうなると一転してローマ人は、ワイン不足のかわりにパン不足に直面することになった。

この危機に対処するため、皇帝はシャンパーニュ地方のすべてのワイン畑をつぶして穀物畑にするという法令を布告した。この地方にはローマの軍団が駐屯してにらみを効かせており、住民はこの布告に応じるほかはなかった。

もうひとりの皇帝——奇しくも庭師の息子だった——がこの法令を廃止するまでに二世紀の時が経過し

た。皇帝プロブスは、シャンパーニュの人々にもう一度ブドウを植えることを許したばかりか、それを支援するために軍団まで派遣した。

　アッティラの野営地の土塁の上をたどりながら、私たちはそんなことに思いをめぐらせた。ぐるっと一周するのに二時間ばかりかかった。疲れて、お腹が空き、喉も渇いて、弁当を開けて中身を取り出すのが待ちきれなかった。

　毛布を敷いてシャンパンを抜くと、すべてが申し分ないように感じられた。フランス語では男性名詞であるシャンパンは、女性名詞であるシャンパーニュの厳しい環境に対する理想的な補完物ではないだろうか。完璧なカップルだ、と私たちは思った。力強さと、陽気さと、優雅さが融合する中で、分かちがたくぴったりと結ばれている。

　だが、シャンパンに関することで、単純なこと、あるいはすっきりとわかりやすいことは何ひとつない。その物語は皮肉《アイロニー》にあふれている。ある作家の言葉を借りれば、シャンパンはシャンパーニュ人に「矛盾への嗜好」を与えている。[2]——良いシャンパンをつくるには貧しい土壌が必要だ。黒いブドウが白いワインをつくる。盲目の男が星を見た。シャンパンの泡の生みの親とされている男は、実際には生涯その泡を取り除こうと努めた。

　しかし、中でいちばんの皮肉は、人類の歴史で最も苛烈な戦争の場となったシャンパーニュが、世界中が幸せな時と友情の同義語と見なすワインの生誕地に他ならないということだ。

シャンパンをめぐる謎と伝奇的物語《ロマンス》の持つオーラの幾分かは、これらの皮肉から生まれたとも言える。そもそもシャンパンとはいったい何なのか？　シャンパンという単語を口にするだけで、まるで魔法の杖をひと振りしたような現象が起きる。人々は微笑みを浮かべ、くつろぎ、時には空想に耽りさえする。まちがいなくほかのどのワインも、これほど多くの詩や美術や修辞的誇張に使われたことはない。カサノヴァはシャンパンを「誘惑には欠かせない道具」と見なした。ココ・シャネルは二つの時にしかシャンパンを飲まないと言った――恋をしているときと、していないとき。シャンパーニュ地方の大貴婦人のひとり、リリ・ボランジェになるともっとすごい。「私は幸福なときと悲しいときにシャンパンを飲みます。ひとりでいるときに飲むこともあります。お仲間といれば、飲むことは当然の義務です。お腹が空いたときには少しだけすすります。今述べたとき以外、私はシャンパンに手は触れません。もちろん喉が渇いたときは別ですよ」

誰にもシャンパンを飲むお気に入りの時間があるようだ。偉大なシャンパン通にして歴史家のパトリック・フォーブスは、朝の十一時半が好みだと言った。自分の味覚がまだ汚されていないので、あらゆるニュアンスを味わい、泡のひと粒ひと粒を嘆賞できる時間だという。私たちが世界に名だたるソムリエ、フィリップ・ブルギニョンに、シャンパンを飲むのに最適な時間はいつだと思うかと尋ねると、彼は答えた、「芝生を刈り終えたあと」。一九四八年の映画『忘れじの面影』でジョーン・フォンテーンはルイ・ジュールダンに夢見るように言う、「シャンパンは真夜中過ぎのほうがずっとおいしいわ、そう思わない？」

そしてオスカー・ワイルドがいる。フランスに到着したとき、税関の役人に「僕の天才以外申告する物はありません」と言った男だ。シャンパンについては彼はこう言った「シャンパンを飲む理由を見つけられないのは想像力の欠如した人間だけだ」

昔からシャンパンは結婚式や洗礼式や船の進水式を祝ったり、カーレースの優勝者が観衆に振りまいたり、新年の鐘の音とともに飲むのに使われた。それがあまりに長い伝統なので、あるイギリスの詩人はアダムでさえシャンパンで御祝いをしたかもしれないと思いついた。トーマス・オーガスティン・デイリーはその詩「最初の大晦日」でこう書いている。

その男、たったひとりの男——
地上最初の紳士が——
言った「ちょっと楽しまないか?
おいで！　少しは騒ごうよ！」

「粋なナイトクラブまでぶらぶら歩かなくちゃ」
と彼は言った、「そしてシャンパンを飲もう」
しかし彼女は言った「家にいても、
浮かれ騒ぎ《レイジング・ケイン》はできるでしょ(3)（「レイズ・ケイン」（浮かれ騒ぐ）はアダムとイヴの息子「カインの目をさまさせる」の意にもなる）」

健康にいいというのもシャンパンについて長いあいだ言われていることだ。一九三〇年代にフランスの医科学会は、シャンパンが鬱病との闘いや、チフスやコレラのような感染症予防に効果があると断言した。それより五十年前のこと、慢性的な腸の張りに悩まされていたドイツの鉄血宰相オットー・フォン・

ビスマルクは、シャンパンが「ガスを追い出す」のに役立つと公言している。ウィンストン・チャーチルはシャンパンが「自分のウィットをより機知に富むものにしてくれる」と言った。彼はまた第一次世界大戦中、同僚たちを元気づけるのにシャンパンを利用した。「よろしいですか、諸君」彼は言った、「われわれが戦っているのはたんにフランスのためだけではありません、シャンパーニュのためでもあるのです」

だがこれらはおそらく、シャンパンが世界史の中で重要な役割を果たした最初の例ではない。教皇がローマとフランスのアヴィニョンに一人ずついた教会大分裂の時代（一三七八年―一四一七年）に、神聖ローマ帝国皇帝であるボヘミアのヴェンツェスラウス王が、分裂の終結についてシャルル六世と合議するためにランスにやってきた。だが皇帝はシャンパンの飲み過ぎでひどく酔っぱらってしまって立ち上がれず、会談に臨むことができなかった。こんな状況が何日か続いたあと、ついにフランス国王は大公二人をさし向けてヴェンツェスラウスを会談に引きずり出した。しか相変わらず大いに酔っぱらっていたヴェンツェスラウスは、シャルルが目の前に差し出した書類を読みもせず、すべてに署名した。その結果、教皇はアヴィニョンにとどまり、大分裂は続いたのである。(4)

こういう裏話を聞くと、シャンパンを取るに足りないつまらぬものと片づけたくなるかもしれない。つまるところ、「バブリー」とか、「フィズ」とか、ときには「笑い水《ギグル・ウォーター》」とさえ呼ばれているようなワインをどう考えたらよいのか？　実はシャンパンは、ワイン醸造史上最も真剣に研究された最も複雑なワインなのだ。そしてそれは、製造が最も難しいワインでもある。テタンジェ・シャンパーニュの社長兼会長であるクロード・テタンジェに試飲（デギュスタシオン）に招かれたとき、私たちはこのことをすぐに実感した。

毎年恒例のようだが、クロードはブドウ栽培者やシャンパン製造者、そのほかの業界人からなる〝限られた〟友人たちを呼び集めていた。総勢四十人ほどのこの人たちは、シャンパーニュでも最高の味覚の持ち主を代表している。試飲は前回の収穫でつくられた約二十種類の新ワインで行なわれることになっていた。異なるブドウ畑や村々から来たこれらのワインは、テタンジェの高級品目「コント・ド・シャンパーニュ」を含む二〇〇四年のヴィンテージ・シャンパンをつくるためにブレンドされるものだ。

一本のシャンパンが一種類のワインからつくられることはめったにない。三十から四十種類ものブレンドであることも多く、出来上がった製品つまりキュヴェは、個々のワインよりも良いものになっている。「ブレンドという作業は」とテタンジェは言う、「画家の仕事にちょっと似たところがある。絵を描きはじめるときには、何色必要になるかはわからない。こちらから赤をほんのちょっと、あちらから黄色を多少。自分の伝えたい感じを表わすために、もっと明るい赤や暗い黄色をつくらなければならないときもある」

私たちはそれまでなんども試飲にでかけたことはあったが、このようなものは初めてで、少なからずたじろいでいた。場所はランス、中世にこの地方を統治していた歴代シャンパーニュ伯の古い屋敷である。シャンパーニュ伯のひとりティボー四世は、十字軍からの帰還に際し、シャルドネの先祖にあたるブドウをシャンパーニュにもたらした。テタンジェの表現を借りれば、試飲は「荘重な舞台でシャンパンという特殊な概念に対するわれわれの献身についてふたたび語る機会、いわば荘厳ミサ」のようなものだ。

二つの細長いテーブルが据えられ、それぞれに白ワインを満たしたグラスが何列か並んでいる。泡はほんのわずかしか立っていないものがほとんどだ。ワインはシャルドネとピノ・ノワールが半数ずつ。

それぞれのグラスが試飲されるたびに、テタンジェは感想を請う。ほかのみんなと違って私たちはどう反応していいかわからない。何年にもわたって多くのシャンパンを試飲してきたが、それを構成する種々のワインを味わうのは初めてだ。微妙な味の差異は私たちにはさっぱりわからない。一杯試飲したあと、テタンジェがドンに印象を尋ねた。ドンは一瞬うろたえ、言葉を捜してもごもごと口ごもった。そしてだしぬけに言った「私は本当のところ何も味わってません！」

テタンジェはにこやかな顔でドン個人の感想から話題をそらし、ワインの性格を言葉で描写したり微妙な差を味わい分けるには長い経験が必要だと述べた。「こちらのほうがこくがある、あちらのほうが個性的だ、ときには、もっと魂があるとさえ言いますが、どうやって区別するのでしょう？」テタンジェは訊いた。「ひとつの香り《ブーケ》からどうやって数々の微妙なアロマを、たとえばお茶だとか、アニス、ヴァニラ、桃、小麦、あるいはヴァージニア煙草のアロマさえ嗅ぎわけられるのでしょうか？　どうやって適切な形容の言葉を見つけるのでしょう？　おべっか使いとか、魅惑的だとか、暖かい、深い、でしゃばりなどと。ワインのほうではそんなこと夢にも思ってないのに」

言うまでもなく、本書の目的はテタンジェの質問に答えようと努めることではない。これはティスティングの本でもなければシャンパンづくりの専門書でもないのだ。これは讃歌であり、おそらく恋文ですらある。厳しい環境の中で何世紀にもわたる侵略にさらされた小さな共同体に生きる人々が、度かさなる逆境に打ち勝ち、世界で最も偉大な発泡ワインを創造するにいたる物語なのだ。

その物語は五世紀の昔、フランク人の軍司令官クローヴィスがローマ人を敗走させて、ランスの周囲に王国を築いたときに始まる。彼の王国はしかし、ほどなく別のゲルマン族に侵略される。クローヴィスの婚約者――キリスト教徒だった――が進み出て、彼女の神に助けを請うよう彼を促すまでは、敗北は必至と思われた。異教徒であったクローヴィスはやぶれかぶれになって、もし彼女の神が勝利を授けてくれるなら、自分はキリスト教に改宗すると誓った。奇蹟的にも、クローヴィスの軍勢は新たな戦闘意欲をかきたてられ、敵を敗走させた。

クローヴィスは約束を守った。四九六年のクリスマスに、彼とその三千の兵士は洗礼を受けるためにランスにおもむいた。教会があまりに混み合ったせいで、司教のサン・レミはクローヴィスを聖別するための聖油に手が届かなかった。この瞬間、突然一羽の白鳩が現われ、司教のもとに油の入った小瓶を運んだ(5)。

この話には何世紀ものあいだに尾ひれがついてはいるだろうが、ひとつだけ確かなことがある――洗礼式に続いて盛大な酒宴が開かれたのだ。供されたワインはシャンパン、いやもっと正確に言えばシャンパーニュ地方のワインだった。この時代、シャンパンは赤で、泡はなく、しばしば濁っていた。今日私たちが楽しんでいる、星のように輝く発泡性の飲み物の登場はまだ何世紀も先の話である。

それにしても、祝祭時の飲み物としてのシャンパンの名声はここで確立した。これ以後、ほとんどすべてのフランス国王がランスで戴冠式を行ない、そのあとシャンパンで祝宴を張ることにこだわった。

しかしながら、危機と戦闘は決して遠ざかることはなかった。十世紀には、ランスは六十年のあいだに四度にわたって包囲された。いっぽう少し南のエペルネも六度の略奪を受け、そのブドウ畑はことごとく焼かれた。次に十字軍の時代が来て、シャンパーニュから強壮な男たちがすっかり出はらってしまった。そしてそのあと、十四世紀の黒死病がヨーロッパの人口を半減させた。

以後の数世紀は血なまぐさい戦争に継ぐ戦争を目撃したが、いずれのときも、シャンパンとシャンパーニュはなんとか生き延びた。

第一次世界大戦では、両者の命運はほとんど尽きかけた。シャンパーニュ地方の長い歴史におけるさまざまな恐怖の時代のどれをとっても、第一次大戦にまさる大惨事はなかった。それはシャンパーニュの最も暗い時代だった。

だが皮肉なことに、それは同時に最も明るい時代でもあった。というのは、すべてが失われるように見えたまさにそのとき、シャンパーニュの人々は踏みとどまる力と意志を見い出したのだから。彼らがどのような辛酸をなめ、いかに奇蹟的に生き延びたかを見きわめるためには、その戦争自体をより深く理解しなければならないということに私たちは思い至った。

フランス人が言うところの「大戦争《グランド・ゲール》」はフランスのほとんどすべての家族に関わる災厄だった。ひとりの若い陸軍大尉が、日記の中でそのことをきわめて的確に述べている。「フランスはその百五十万人の死者を、百万人の障害者を、そして破壊された都市をすぐに忘れるだろうか? 泣いている母親の涙は急に乾くだろうか? 孤児は孤児であることを、寡婦は寡婦であることをやめるだろうか?」この若い将校の名はシャルル・ド・ゴールという(6)。

彼の言葉は私たちの心を動かすが、私たち自身の疑問はそのまま残る。第一次大戦をそのほかの戦争と異なるものにしているのは何なのか? 何世代も経てなお、大戦争が私たちにつきまとうのはなぜか? それは、戦友の死体が「肉屋のショーウィンドーの中の肉塊のように手足をもがれて、肩から尻までをあらわにさらしているのを」見た兵士たちの証言のせいなのか(7)? 詩人のジェイムズ・H・ナイト＝エドキンが「中間地帯《ノー・マンズ・ランド》」で喚起したような、塹壕戦の強力なイメージのせいなのか?

だが中間地帯は悪鬼の光景だ
夜、巡視隊が死体の脇を腹這いで進むときは。
ドイツ兵《ボシュ》かイギリス兵か、ベルギー兵かフランス兵か、
塹壕を横切るとき、君はさいころを振って死と賭けをする。

無意味な虐殺の例証として、おそらくアンリ・ド・ポリニャック侯爵の死以上のものはあるまい。侯は陸軍の職業軍人であり、その一族はシャンパンメゾン（シャンパンのメーカーをフランスでは「メゾン」と呼ぶことが多い）、ポメリー・エ・グレノを経営していた。「彼は自分の死がやってくるときを知っていた稀な人物のひとりでした」アンリの孫のアラン・ポリニャックは回想する。

アンリは、丘の上に位置するドイツの砲列に向かって塹壕からの突撃を指揮せよという命令を受けた。彼が無線で司令部に、それは不可能であり、奪取すべき敵の陣地もなく、強行すれば彼の部隊は全滅するだろうと連絡すると、こう告げられた、「それが君に下された命令だ」。攻撃の第一波は全滅させられた。アンリはもう一度司令部を呼び出し、命令を変更してくれるよう懇願した。司令官たちは拒み、第二波も同じ運命をたどった。

次はアンリの番だったが、その頃には彼の無線機は不通になっていた。部下たちに準備をさせ、アンリは隊列の前に出て突撃の合図をした。前二波とまったく同じように、彼らも全滅した。「私の祖父は最初に倒された者たちのひとりでした」祖父がどこを撃たれたかを示すために人さし指で額の真ん中をさしながら、アラン侯爵は言った。「まさに最後の兵士が倒されたところへ、騎馬の伝令が突撃中止の命令を持って駆けつけたのです」

大戦争の激戦地であったシャンパーニュでは、人々は「記憶の義務」という言葉を口にする。フランス全土で、とにかくひとりの住民も失うことなくこの戦争をやり過ごした村はたったひとつしかない。どんなに小さな村にも戦死者を顕彰する記念碑があるのはそのせいだ。毎年そこには花輪が捧げられ、式典が開かれる。

私たちが行く先々で、住民たちは常に同じ主題に戻っていった——流されたおびただしい量の血。彼らはよくこう言った。「第二次大戦？　ああ、あれは恐ろしかった。でも大戦争に比べたら物の数じゃない」

パリ北方のコンピエーニュ、停戦協定が調印された森の中の広場で、私たちは小さな博物館を訪れた。中には立体鏡《ステレオスコープ》が並んでいる。お祖母ちゃんの家の居間で見た覚えがあるような、写真を三次元の映像にして見せる古い器具である。

私たちはヴェトナム戦争の映像をテレビで見て育ったし、第二次大戦のニュースフィルムも見慣れているけれど、目の前に飛び出した写真には不意をつかれた——泥沼のような塹壕の中でぐったりしている兵士たち。白亜の土ぼこりにまみれて幽霊のような姿になった者たちもいる。瓦礫の山と化した町や村。有刺鉄線が縦横に張りめぐらされた野原やブドウ畑は砲弾で穴だらけになり、月の表面のような景色に見える。

それから私たちは死体を見た。あるものは凍った地面の上に山積みされて雪に覆われている。またあるものは倒れた場所にそのまま横たわっている。かたわらには武器を持った戦友が虚脱した表情で、なすすべもなく立ちつくしている。

博物館の隣には古い列車が置いてある。中には椅子や名札をちゃんと備えた長い黒ずんだマホガニーのテーブルがあった。すべてが一九一八年十一月十一日の十一時、連合国がドイツの降伏を受け入れたときのままだ。私たちは黙って見つめていたが、亡霊たちの存在すら感じられるような気がした。

そのあと私たちは、生きた亡霊に会った。彼の名はマルセル・サヴォネ。もうすぐ百六歳の誕生日を祝うところだった。サヴォネは最後のフランス兵《ポワリュ》、第一次大戦で戦ったシャンパーニュ人の最後の生き残りである。〝ポワリュ〟とはフランス兵が自分たちにつけた愛称で、「毛むくじゃらの人」を意味する。長い塹壕暮らしでひげも髪もぼうぼうに伸びた姿を指していったものだ。兵士たちは旧約聖書の勇士サムソンのように、長い髪が自分たちに力を与えてくれると言っていた。

だが私たちが会った男はサムソンよりむしろ亡霊に似ていた。わらのように細く弱々しい感じで、背丈は一五〇センチそこそこ、歩行器の助けを借りて、うつむき加減にゆっくりと部屋を横切った。私たちがサヴォネと会ったのは、その昔シャンパーニュの首都であったトロワにある彼の自宅だ。居間は勲章と賞状で飾られていた。

サヴォネはそっと肘掛け椅子に腰を下ろし、頭を上げて、ほとんどささやくような声で話しはじめた。一九一七年にヴェルダンに送られたとき、彼は十八歳だった。「あれは畜殺場だった」彼は言う。「毎日、死が雨のように降ってきた。毎日、新しい死体が増え続けた」

サヴォネはしばしば沈黙し、ゆっくり目を閉じる。そして、眠ってしまったのかと思うころ、また話を続けるのだった。「現代では、兵士たちも戦争の全体の形が見えている。だがわれわれはそうじゃなかった。個々の兵士は自分のいる狭い場所しか知らず、起こっていることを自分の狭い視野でしか見られなかった。われわれはひとりひとり孤立していて、生き残ることについてしか考えられなかった」

サヴォネが疲れてきたようなので、私たちは立ち上がっていとまを告げた。彼は最後にもう一度顔を上げた。「われわれを憶えていてくれてありがとう」彼は言った。「忘れないでいてくれてありがとう」

マルセル・サヴォネは二〇〇四年の三月二十二日に百六歳の誕生日を祝った。それは家族とちょっぴりのシャンパンによる、自宅での静かな祝いだった。数か月後、私たちはサヴォネがどうしているか電話してみた。彼の息子が電話に出た。「父は十一月一日に亡くなりました」彼は言った。「突然でした。でも父のような人生を生きたあとでは……」

サヴォネの息子は最後まで言わなかった。だが言う必要はなかった。

私たちはようやく理解できた。サヴォネの死によって私たちはたんに老兵に別れを告げただけでない。消えてしまった時代と私たちをつなぐ最後の輪を失ったのだ。

歴史家コレリ・バーネットは書いている。それは人々が大義を信じ、「必要とあれば、国王と国のため、皇帝《カイザー》と父祖の国《ファーターラント》のため、あるいは母国《ラ・パトリ》のために死ぬ覚悟ができていた時代だった」(8)。人々は友情や規律や勇気といった徳によって生きていた。そういう徳によって彼らは大きな逆境に打ち勝つことができたのだ。

シャンパーニュ以上にこのことが真実である土地はほかになかった。あるシャンパン生産者が私たちに言った「最良の生産物は、常にある程度不適当な環境で育つというのが自然の法則です。なぜなら、そういう環境では、生産物は自分の限界を超えることを強いられるからです」

シャンパーニュ人がまさにそうだった。そして第一次大戦は彼らにとっての決定的瞬間であり、それはまたシャンパンを鍛える試練だった。第一次大戦は文字どおり火による審判であり、それによってシャンパン産業はほとんど壊滅に瀕した。このとき、シャンパーニュ人の勇気と献身がかつてないほどに試されたのだ。

過去何世紀にもわたって多くのシャンパーニュ人が幾多の災厄を被ったことに加えて、彼らがこの試練を経験したことが、シャンパンを独特なものにしている。それこそがシャンパンにほとんど神秘的な性格を、世界中の人々の心と想像力をとらえて放さない魅力を与えているのだ。またそれが私たち二人に、シャンパンそのものがいかにして生まれたかを解き明かす試みへの動機と霊感を与えてくれたのである。

第一章　君主と修道僧

二人は同じ年に生まれ、同じ年に死んだ。しかし、これほど対照的な二人もなかろう。いっぽうはきわめて豪奢な人生を送り、もういっぽうは赤貧のうちに生きた。いっぽうは長い巻き毛を自慢にし、いっぽうは頭を剃っていた。いっぽうは踵の高い赤い靴を履き、いっぽうは簡素なサンダル履きだった。そしていっぽうは絹とビロードを身にまとい、いっぽうは粗い茶色の亜麻布を着ていた。

だが、ルイ十四世とドン・ペリニョンには一つだけ共通点があった。二人はともにシャンパンを、より正確に言えば、のちにシャンパンとして知られるようになるワインを愛したのだ。まったく異なる人生を送ったにもかかわらず、この二人ほど、シャンパンがその名声と栄光の道を踏み出すのに功績のあった人物はいない。

それにしても、そもそもの初めには、シャンパンという飲み物は存在しなかったのである。シャンパーニュというのはワインではなく場所の名であり、主としてみごとな上質の毛織物で知られる地域であった。ただ、余分な土地を所有していたそこの農民は、ブドウの木を植え、自分たちの日常の飲料用に、あるいは臨時収入を得るためにワインをつくっていた。そのワインは質が低く、名前も付いていなかった。

よそのワインとひとまとめにして「イル・ド・フランスのワイン」、あるいは単に「フランスのワイン」と呼ばれていたのだ。またときにはそれを産する町や場所の名をとって、たとえば「アイ村のワイン」とか「山のワイン」「川のワイン」などと名付けられることもあった。ただし「シャンパン」と呼ばれることだけはなかったのである。

もうひとつ、このワインは赤ワインであったが、深い赤ではなく、タマネギの皮に近い薄いピンクがかった茶色で、人々はこれを「ヤマウズラの目《ウユ・ド・ペルドリ》」と称していた。

もっと重要なことがある――このワインには泡は立たなかった。少なくとも意図的に発泡性にしてはいなかったのである。泡は失敗の産物であり、ワインを駄目にするものだから発生を防止すべきだと考えられていた。

古代ローマ人は紀元前五七年頃からシャンパーニュ地方にブドウを植えてワインをつくり始めていたが、他の地域の人々がそれに注目するようになったのは十一世紀になってからのことである。それはランス南西の町シャティヨン＝シュル＝マルヌのブドウ栽培者の息子がローマ教皇に選出され、ウルバヌス二世を名のったときのことであった。新教皇は生まれ故郷のワインを大いに称揚し、自分は「他のどのワインよりもそれを好む(1)」ことを世間に知らしめた。（教皇に拝謁する最良の手段は大量のシャンパーニュワインを持参することだというのは、ローマでは公然の秘密だった）。

だが教皇はこの地方のワインの名声をさらに高めることをもうひとつ行なった。十字軍遠征である。

シャンパーニュ地方は多くの細かい領土のパッチワークのようなもので、領主たちは戦いを繰りかえしながら、常に混乱の中で自分たちの土地の維持に努めていた。中央集権は確立しておらず、ある者は国王に忠誠を誓い、ある者はブルゴーニュ公に臣下の礼をとり、またある者はドイツ皇帝に恭順の意を表していた。この地域にいくつも散らばる土地を持っている場合には、五、六人の異なる君主に忠節を表わす者すらいた。

こういう君臣関係のもつれは多くの争乱や破壊をもたらしたので、やがて教会は、宗教的な祭典期間や祝日および日曜には戦いを禁じる「神の休戦」を訴えるようになった。これが「週末」の発祥である。

だが「週末」は混乱を静めるにはさして役立たなかった。かくして教会は、戦いを抑制するよりも、それを自らの目的に振り向けるほうを選んだ。

一〇九五年、教皇ウルバヌス二世は宣言した。「これまで同じキリスト教徒と戦うことにのみ心を砕いてきた者たちに、異教徒への刃をとらしめよ」。この宣言の下に第一次十字軍が組織された。教皇と同郷のシャンパーニュ人はこの聖戦の呼びかけにとりわけ共鳴し、領主たちは利害関係をさしおいて臣下の騎士や従者を引き連れてエルサレムに出発していった。

シャンパーニュ地方には過去数十年来はじめての静寂が訪れた。内紛のなくなったシャンパーニュは「平和の島」(2)に生まれ変わり、ヨーロッパの二大商業路が交わる場所という地の利を生かせるようになった。二大商業路とは、フランスとドイツを結んで東西に延びる道、そして北海と地中海を結ぶ南北のそれである。これらの道は必然的にシャンパーニュを商業の中心地にのしあげ、そこでは毎年いくつもの大市が開かれるようになった。数週間にわたって続く大市には大陸中の商人たちが集まり、オランダのレース、ベルギーの毛布、ロシアの毛皮、イタリアの皮革と金、スペインの細身の刀剣、地中海沿岸の香油、さらにはフランスの毛織物や亜麻布などが取引された。

だがそこには、ワインはなかった。シャンパーニュのワインはあくまで地元での消費用であり、その生産量はしばしば地元の需要すら満たせないほど少なかった。大市の取引の場にこのワインを出すのは問題外であった。故郷にワインを持ち帰りたい商人は、少なくとも一週間の辛い旅をしてブルゴーニュまで行かねばならなかったのである。

しかし、十三世紀に入るころには、事態は変わりはじめる。副業に少量のワインをつくっているシャンパーニュの毛織物業者たちが新しいアイデアを思いついたのだ。市に集まる商人に毛織物を買ってもらうために、ワインをおまけにつけることにしたのである。

この販売戦略は業者たちの思惑以上の成果を上げた。毛織物の売り上げが伸びただけでなく、ワインの注文まで舞い込んできたのだ。あっというまにワインは毛織物を抜いてこの地の主要産物になってしまった。買い手たちは飲む前にまずこのワインに名前を付ける必要を感じたし、やや粗い感じをやわらげるために水でうすめはしたが、とにかくそれを美味いと認めたのである。なによりも、それはブルゴーニュワインより安かった。

ところで十字軍遠征は、シャンパーニュに二大商業路の交点という地の利を活かす平和な時間をさずけるにはとどまらず、そのブドウ畑の拡張をもうながした。遠征にかかる莫大な費用をまかなうため、騎士や貴族をはじめとする土地所有者たちがこぞって、農民により多くのブドウを植え、より多くのワインをつくることを認可したからだ。戦士たちはまた、遺言書を作成していった。みずからの救済を確かなものにしたいと望んだ彼らは、もし聖地から帰還できなかった場合、その財産の一部——その中にはブドウ畑も含まれる——を教会に寄進することを明文化したのだ。多くの戦士が帰らず、教会の土地所有は劇的に増大した。

そのおかげでシャンパーニュワインの質も向上した。なぜなら修道僧たちこそ、この時代の最良のワイン醸造学者だったからだ。彼らはブドウの木に心血をそそぎ、他の誰よりもブドウ栽培について熟知していた。ワインは、ミサの執行、病人の治療、旅人や巡礼のもてなしに欠かせないものだった。さらに重要なことに、ワインは教会の財政的な支柱だったのだ。十分の一税がブドウやワインで払われることも多く、僧たちはそれを売ったり、他の物品と交換したりした。端的に言えば、ブドウ畑なくしては、教会が機能すること、いやそれが存在することすら想像しがたかったのである。

モンターニュ・ド・ランス（ランスと南の町エペルネのあいだに広がる丘陵地帯）の南斜面に立つオーヴィレールの修道院も例外ではなかった。七世紀に建てられたこの修道院は、時間の流れに取り残されたようなその神秘的な雰囲気で知られていた。丘陵から立ちのぼる青みがかった霧に包まれたオーヴィレールは、「篤信家にとって並はずれた魅力を持っていた。若者は修道僧になるために集まり、年寄りは死ぬためにやってきた[3]」。

その貴婦人もここへやってきた。ただし本人が亡くなって何百年も経ってから。

婦人の名は聖ヘレナ。ローマ帝国で初めてキリスト教を公認したコンスタンティヌス帝の母である。ヘレナは四世紀にローマで埋葬されたが、エルサレムを異教徒から守り、聖十字架（キリストがかけられた十字架）を発見するための信仰の対象となっていた。

八四一年、トゥジズというオーヴィレールの修道僧がローマを訪れた。彼は長年病に苦しんでおり、たくさんの聖人に治癒を祈ったが効験はなかった。しかし、本人の弁に寄れば、聖ヘレナの廟で祈りを捧げると奇蹟的に病が癒えたという。何かはっきりしない理由でトゥジズは聖ヘレナのミイラ化した遺体を霊廟から盗み出し、シャンパーニュへ運び去った。聖なる遺体をオーヴィレールに埋葬したいと願ったのだ。

トゥジズのやったことを知ったランスの大司教とオーヴィレールの修道院長は震えあがった。教皇の怒りを怖れた二人は、遺体が奇蹟を起こす力を持つというトゥジズの話をあざけり、遺体の受け入れを拒否した。地元の人々はこの事件を悪ふざけとしかとらなかった。実のところ、彼らにははるかにさし迫った関心事があったのだ。もう何か月も雨が降らず、ブドウ畑は乾ききっていた。トゥジズは言った。汝らが三日間断食して聖ヘレナに祈れば、雨が降り、干ばつは止むであろう、と。何も失うもののない農民たちはこれを受け入れた。

三日後、雨が降り始めた。この奇蹟を前にして大司教と修道院長は考えを変え、ローマに特使を送った。ぜひとも醜聞を避けて面子を保ちたい教皇は、聖ヘレナは幸せにもフランスに新たな安住の地を見いだしたようなので、その平安を乱してはならぬ、と宣した。豊年に湧いていたブドウ農家の人々はこれを聞いて狂喜し、以後聖ヘレナを自分たちの守護聖人としてあがめることを誓約した。

しかし、この有名な聖人の存在も、十字軍遠征終了後の苦難からオーヴィレールの修道院を守ることはできなかった。戦士たちが遠征から帰還するや、シャンパーニュはふたたび争乱の中に投げ込まれた。土地を持たない騎士や野心に燃える領主たちは領土をめぐって戦い、野盗の群れが田園を徘徊して放火や略奪を繰りかえした。町や村が丸ごと放棄された。ある者の言によれば、「はっきりした道もなくなり、農園も見あたらず、少数の盗賊を除けば、人間すらいなくなった」。

オーヴィレールの修道院は略奪を受け、少なくとも四度は焼け落ちた。ここを守るために派遣されたフランス王国の軍隊ですら、好き放題にふるまった。「彼らは六百樽のワインを飲み干した」と近くに住むある農民は語った。「森の木を切り倒し、修道院の扉を焼いた。国王が自分の羊たちを守るために送ったのは番犬ではなく、狼だった」(4)

十六世紀が終わるころには、オーヴィレールからほとんどの修道僧が姿を消していた。修道僧のひとりは言った「ここはほとんど廃墟になってしまった。残っているわずかの者たちではここを維持していくことはできない」。

一六三四年、オーヴィレールの修道院長は敗北を認め、ここをヴェルダンにあるサン・ヴァンヌ修道院の兄弟たちの手にゆだねた。それから三十年のあいだ、サン・ヴァンヌの僧たちはこの修道院の再生のために倦まず働いた。瓦礫を取り除き、建物を再建し、畑やブドウ園には種をまき、苗を植えなおさなければならなかった。それはひどく辛い、遅々とした作業だった。

一六六〇年代に入ると、かつて奇蹟を行なった一人の聖人の安息地であるオーヴィレールの修道院は、それ自らの奇蹟を必要としていることが誰の目にも明らかになった。一六六八年、その奇蹟はドン・ペリニョンという名の若き修道僧の姿でやってきた(5)。

ドン・ピエール・ペリニョンは僧侶になる必要はなかった。地域の裁判所判事であった父親の跡を継いで、安楽な生活を送ることもできたのである。彼は本来、長男として家の財産を運用していく責任があった。その財産のなかには、彼の生地であるシャンパーニュ東部の絵のように美しい村、サント・ムヌ周辺のいくつかのブドウ畑もふくまれていた。

ピエールが十三歳になると、家族は彼をシャロン＝シュル＝マルヌに近いジェズイット派の学校にやった。そこでピエールは自分の天職を見いだした。五年間の勉学を終えたピエールは、修道僧になりたいと言いだし、厳格な修行と学問的水準の高さで知られるサン・ヴァンヌの修道院に入った。祈りと全き服従が日課であった。食事、労働、礼拝、睡眠、無言の行の時間が定められており、それらすべてが、信じがたいほどの個人的修練とベネディクト派の宗規の厳守を要求した。「怠惰は魂の敵であり、修道僧は常に何かに従事していなければならない。手仕事は推奨される。なぜなら、精神はその間にもっとも実り多い思考を吹き込まれるのだから[6]」

　修道僧が寝起きする房はきわめて小さい。間口は狭く、奥行きも三メートルそこそこだ。「ドン・ペリニョンが自分を籠の中の鳥、あるいはきつすぎる靴をはいた足だと感じなかったとしたら驚きだ[7]」と、ある歴史家は書いている。しかしドン・ペリニョンは精進し、深い宗教的信念と厳しい労働への献身によって、抜きんでた存在となった。

　ドン・ペリニョンが三十歳のとき、サン・ヴァンヌの修道院長は彼をオーヴィレールの執務長に任命した。この修道院の状態は、「すべての目を楽しませ、すべての希望を叶え、すべての心に歓びを与えた」と、ある僧が讃えた昔とは大違いだった。あらゆるものが荒廃していた。教会堂や医務室や貯蔵庫は破壊され、僧たちの住居も荒れ果てていた。もっとひどいのはブドウ畑だった。修道院のカーヴを司る責任も負わされていたドン・ペリニョンはすぐさま、オーヴィレールの再建はひとえに昔の名高いブドウ畑の復興にかかっていると悟った。

　この畑はつとに十三世紀に、歌に言祝《ことほ》がれるワインを産出していた。フィリップ＝オーギュスト（尊厳王フィリップ、一一八〇―一二二三）はオーヴィレールのワインを王家の食卓用に注文したと伝えられている。このワインはまた、その一世紀後にシャルル四世とフィリップ六世の戴冠式にも供された。

　ブドウ畑の復興は骨の折れる仕事だった。雑草や岩を取り除き、イバラを刈り払わねばならない。下の谷から新しい土を運び上げる作業も必要だ。ドン・ペリニョンの指揮の下、質の悪いブドウに替えて高品質のそれが植えられた。彼はこう言った、「ごく普通のワインしかつくれないブドウを抜いて、栄誉と利益をもたらす高級品を目ざそう」。

ドン・ペリニョンはよく、「シャンパンを発明した」人物と言われる。実際には、誰もシャンパンを発明しはしなかった。ブドウが圧搾されるとき、どんなワインも泡を立てはじめる。果皮の酵母菌が果汁の糖分を分解してアルコールと炭酸ガスに変える。発酵と呼ばれるプロセスである。ブドウ栽培とワイン醸造を行なう土地のなかでも、シャンパーニュのような比較的寒い地域では、糖分がすべて分解される前に冬が来て酵母菌が冬眠に入る。春になると酵母菌は目覚め、未分解の糖に攻撃を開始する。その結果、さらなるアルコールと炭酸ガスが生まれ、後者が泡となって表面に上ってくる。

ドン・ペリニョンの時代には酵母菌は知られていなかった。二世紀のちにルイ・パストゥールが酵母菌を発見するまで、これは謎として残ることになる。泡は欠陥であり、自然の気まぐれと見なされていた。ドン・ペリニョンは彼のつくるワインから泡を除こうとたゆまぬ努力を続けた。泡の立つワインはミサ用に受け入れられなかっただけでなく、泡のないワインを飲み慣れていた大衆にも歓迎されなかった。だがシャンパーニュの気候のせいで、悩みの種の発酵が往々にして起きてしまう。ワイン商は顧客に警告した、「これは復活祭前に飲んでください、気候が良くなってワインがまた泡立ちはじめる春が来る前に」。

結局、ドン・ペリニョンはオーヴィレールでカーヴ主任を務めた四十七年のあいだに、ワインから完全に泡をなくすことはできなかった。彼が成し遂げたのはむしろもっと重要なことだった。ある人が「ワインづくりの黄金律」と呼び、今日も守られている手順を書き留めたのだ。その中には以下のようなものがある――最良のブドウだけを使い、皮の破れたものは捨てよ。実がつきすぎるのを防ぐため、早春にブドウの木をしっかり剪定せよ。涼しい朝のうちにブドウを摘め。ブドウはやさしく圧搾し、絞った果汁は各圧搾ごとに別々に保存せよ。

これらは、当時慣習になっていたやり方に反する革新的な考えだった。ブドウ栽培とワインづくりを兼業する人々の大半は、できる限り大量のブドウを育てていた。ブドウが多ければワインがたくさんできて、より多くの金が入る。ドン・ペリニョンが登場するまで、収穫を限ればより濃度の高いブドウができること、朝早く摘み取ることでより繊細で微妙な風味を持つワインができることなどを知っている者はまれだった。

しかし、ドン・ペリニョンが真の天才を見せたのはブレンディングだった。そのテイスティング能力は伝説的である。彼は繊細な舌と、ワインの味についての驚くべき記憶力に恵まれていた。下働きの者がいろいろな畑や村のブドウを持ってくると、ドン・ペリニョンは「びっくりするほどの正確さで(8)」どのブドウがどこのものか言い当てたという。本当の腕が試されるのは、それらのブドウの中から使用するものを決め、しかるべきやり方でそれらを組み合わせて完璧な調和とバランスのとれたワインをつくり出すときだ。この点でドン・ペリニョンは他の追随を許さなかった。

彼の才能はあまりに並み外れていたから、そこにある種の神話が生まれたのも不思議ではない——曰く、ドン・ペリニョンはシャンパンづくりの秘密のレシピを持っていた。曰く、彼は盲目だった。曰く、初めて発泡性のシャンパンを飲んだとき、彼は叫んだ、「私は星を味わった！」

どれも事実ではない。けれども、知恵と天性の観察力ときわめて確かな舌、そしてたゆまぬ労働によって、ドン・ペリニョンは他の誰よりも良質のワインをつくることに成功したのだ。彼はシャンパーニュで瓶の栓にコルクを使った最初の人間である。それまでほとんどのワインメーカーが、油を染ませた麻の繊維でくるんだ木の栓を使用していたが、コルクはそれよりはるかに優れていた。ドン・ペリニョンはまた、異質な物を加えない自然なワインをつくろうと常に努力を重ねた。そのワインは「単純さと融合した完璧」だ、とある同時代人は言った。

フランス革命中にオーヴィレールが略奪を受けて、多くの記録が失われてしまったが、残された数少ない文献が正確だとすれば、ドン・ペリニョンがつくったワインの大半は白ではなく赤で、間違いなく発泡性ではない。カーヴ主任が世を去る二年前の一七一三年に、オーヴィレールでワインの棚卸しが行なわれた。それによれば、在庫は数樽の赤ワインとそれより少ない樽数の白ワインだが、発泡性ワインはまったくない。

修道院に残った記録は、もうひとつ、そこが所有しているブドウ畑のほとんどが赤ワイン用の黒ブドウを植えていたことを示している。加えて、当時の人々の大多数が赤ワインを好んだという動かしがたい事実がある。ドン・ペリニョンはたくさんの白ワインや発泡性ワインをつくってオーヴィレールの脆弱な財政を危機にさらすには、商売人としてあまりに優秀でありすぎた。彼がやったのは、将来そういったワインがつくられるための道を開くことだったのだ。彼がやさしい圧搾を唱道したのは、そうすることで果汁から果皮の色の大部分が取り除かれるので、できたワインはもう濁りがなく、澄明さを特徴としたものになるからである。

ドン・ペリニョンの手になる書簡が二通だけ現存している。うち一通はエペルネの町政担当者宛てに出荷したワインに添えられたものだが、こう記してある、「ムッシュー、世界最高のワインを二十六本お届けします」。

彼は自慢していたのではない。単に事実を語っていたのだ。

ルイ十四世は、ドン・ペリニョンより三か月早い一六三八年九月五日にこの世に生まれた。その誕生は喜びと同時に大きな驚きで迎えられた。ルイ十三世と妻のアンヌ・ドートリッシュ（オーストリアのアンヌ）は二十三年間結婚生活を送っていったが子どもはなく、ほとんど別居状態だったからである。(9)

王の赤ん坊はたちまち皆の注目を自分に引きつけた。半年のあいだに七人の乳母が精根尽き果てた。乳母たちにとってさらなる苦痛は、赤ん坊の歯が生えるのが早かったことだ。(10)王室医は、乳母たちが乳を充分出さなかったから赤子が〝吸血鬼〟になってしまったと言って非難した。総じてこれは凶兆である、と宮廷に伺候しているスウェーデン大使は言った。「フランスの近隣諸国はこの早熟な貪欲さに用心すべきだ」(11)

ルイは運動や庭づくりや芸術を愛した。自分の形のいい足を見せびらかすことができるので、バレーを踊るのが好きだった。婦人たちとのつきあい方を会得したが、女性を「不実で強情で軽率な使用物」と考えていた。祭礼などの公共の催しにお忍びで出かけるのを楽しんだ。煙草は嫌いで、健啖家を賞讃し、また礼儀作法にうるさいくせに、食事中婦人たちにパンのかけらを投げつけたりするおふざけを楽しんだ。

彼が愛したものがもうひとつあった。シャンパンである。最初にその味を知ったのはランスにおける自分の戴冠式のときで、彼は十六歳だった。式は歴代のフランス国王が冠を受けてきたランスの大聖堂で執り行なわれた。それに続く祝宴の席で、ルイはシャンパーニュのワインに出会ったのだ。「陛下」、臣下のひとりが言った、「私どもは陛下に、われわれのワインを、われわれの梨を、われわれのショウガ入りクッキーを、われわれのビスケットを、そしてわれわれの心を差しだします」。十代の国王は答えた、「皆の者、その挨拶は気に入ったぞ[12]」。

その後の五十年間、ルイ十四世はシャンパン以外めったに飲まず、宮廷中がそれに従った。

太陽王の後ろ盾により、シャンパーニュにおけるワイン生産者たちの繁栄の第一歩が印された。道路や運河が拡張され、より広い市場への出荷が可能になった。ひとつには王の勤勉な財務総監のおかげもあって、外国との取引きも増大した。この総監（重商主義の代表者コルベールのこと）のモットーは「輸出にあらずんば死」であった。

ヴェルサイユの王宮までが、シャンパンを広める媒介の役目を果たした。鏡の間、この上なく見事な庭園、至るところに配された太陽の意匠――そんな宮殿は人々を引きつけずにおかなかった。ほかの国の支配者たちもこれを模倣しようとした。フランスの貴族たちはそこに泊めてもらうために、こぞって根まわしに走った。これこそが太陽王の狙いだった。フランスの偉大さを誇示し、王個人の栄光を映し出す壮麗な建築物。それはまた彼自身の趣味の陳列棚であった。

ルイの行動のすべてが――とりわけ彼が食べる物と飲む物が――熱心に真似られた。彼の晩餐は芝居の演技のようなもので、廷臣たちはひとりで食事をする王のかたわらに立って見物した。王がかくかくの料理や飲み物が気に入ったとなると、あっというまにそれはヴェルサイユ中の誰もが知るところとなり、ただちに貴顕富裕の士の食卓に並んだ。シャンパンについてもしかりだった。それが王のお気に入りだという理由で、すぐにあらゆる人々が気に入るようになったのだ。

十七世紀のフランスにおいては、食事と飲み物は軽々しく扱うべき問題ではなかった。王の味覚が関わっているとなればなおさらだ。誰もが王を喜ばせることに、また王がどこへ旅をしても好みのものを出せるよう手配することに必死だった。あるとき、それは文字どおり生死に関わる問題になった。

一六六九年の夏、太陽王は従者をひき連れて、パリのすぐ北のシャンティイにあるコンデ公の館を前ぶれもなく訪れた。公はヴァテルなにがしというフランス最高の料理人を雇っていた。ヴァテルの評判はたいしたもので、不意の客にも——たとえそれが二千人であっても——準備怠りないと言われていた。おびただしい量のシャンパンが公のカーヴから運び出されるいっぽう、ヴァテルは必要な食材の調達に躍起になった。魚が大量にあると言われて、彼はそれをメイン料理にすることに決めた。

国王とコンデ公が愉快な時を過ごす準備がすべて整ったと思われたとき、ヴァテルは魚が届いていないと知らされた。彼は無念のあまり気が狂いそうだった。最高の料理人という名声がまさに地に墜ちんとしていた。ヴァテルは厨房を出て自分の居室に行き、剣をとって自刃した。

彼の死は国家的な悲劇と見なされた。まして、実は魚は到着しており、すべては誤解の産物だとわかってからはなおのことだ[13]。

ルイ十四世には、シャンパンに加えてもうひとつの情熱があった。戦争である。彼の七十二年の治世で、戦争をしなかったのはわずか七年にすぎない。「平和は彼を苦しめた、だから彼は戦争を起こそうと努めたのだ」とも言われている[14]。彼は特に攻囲戦を好み、イギリス、オーストリア、スペイン、オランダに攻撃を仕掛けた。ある戦いで、ルイのシャンパン愛飲癖が重要な役割を果たしたことがある。

それは一六七六年、二つの軍隊——いっぽうは太陽王に、もういっぽうはオレンジ公ウィリアムに率いられていた――が戦場で対峙したときのことだ。両軍は数か月にわたって一連の小規模な戦闘を繰りかえしていたが、それはフランスとオランダの国境紛争の決着を目ざすものであった。明らかにフランス軍が優勢だった。装備も充実し、数の上でもオランダ軍の三万五千に対し四万八千と上まわっていた。フランス軍の行く先々で町々は軍門に下った。

当然ながらオレンジ公ウィリアムはひどく気が滅入っていた。軍資金も尽き果てていたし、同盟国からの援軍もなかった。今彼は気の進まない戦闘に出陣せざるを得なくなっており、負け戦は必至だとわかっていた。フランス軍の砲列が火を吹きはじめた。ウィリアムはそれに反撃もせず、避けがたい運命を先延ばしにできればと念じながら手をこまねいていた。

突然砲撃が止み、フランス陣営からの使者がウィリアムの天幕に姿を現わした。「われらが国王陛下であらせられる太陽王におかれては、ワインが枯渇されました」使者はそう説明した。「陛下の食卓にシャンパンを補給するため、貴陣営を通過する許可証を私にお与えくださるよう、陛下はあなた様に請い求めております」[15]。ウィリアムは承知した。ただし使者がフランス陣営で起きていることを明かすのを条件に。使者は、前《さき》の砲撃は王の兄弟が先ほど別の場所で上げた勝利を祝うためのものだと説明した。

それからもっと大きな驚きが訪れた。使者がうっかり洩らした話によれば、御前の作戦会議は攻撃に突入すべきでないとルイに進言し、王もそれに同意したというではないか。降伏の瀬戸際にいたウィリアムは安堵のあまりめまいがしたが、使者を送り出してやった。

使者が帰りにふたたび陣を通ったとき、ウィリアムは彼を押しとどめて言った、「王陛下のシャンパンに私からの祝福をお伝えしてくれ。だがもうひとつ、陛下にお伝えしてほしい。もし王が攻撃を選ばれたとしたら、ほぼ間違いなくそちらが勝利しておられただろうと」。

太陽王は、戦わぬ決定を下したのを生涯悔やんだ。彼の唯一の慰めは、使者が持ち帰ったシャンパンだった。

だがこの慰めを、彼はさほど長くは満喫できなかった。

ヴェルサイユでは、正式な国王の侍医とギ＝クレサン・ファゴンなる野心にあふれたライバルとのあいだで激しい綱引きが演じられていた。侍医のアントワーヌ・ダカンはシャンパンの忠実な擁護者であり、シャンパンは太陽王の健康によいから、食事のたびに多少は飲むべきだと言っていた。いっぽうダカンの地位を狙っていたファゴンはブルゴーニュワインの偏愛者だった。彼はルイの愛妾の力を借りてダカンを出し抜き、自分を王の侍医に任命させた。

国王は偏頭痛や痛風や胃痛など、実に様々な疾患に苦しんでいた。彼の病気はあらゆる人の注目を集めた。尿の色から毎日の排便回数にいたるすべてが、ごく細かく記録された。王の医療日誌のある個所には、彼の便器に長さ一五センチの生きた回虫が発見されたことさえ記されている。

王の痔瘻は何ページにもわたる所見を引き出し、外科医一人と医師三人によるその切開があった日は、宮廷中が太陽王の容態の報告を待って徹夜することになった。ルイは頻繁に下剤をかけられたり瀉血されたりしたし、歯を抜くときは〝火のし〟であごを焼かれたりした。

ファゴンは、王の健康に問題があるのをシャンパンのせいにした。「結論を言えば」彼は宣言した、「私は今後、国王陛下の食卓にはブルゴーニュワインだけをお出しすることに決めた」。ルイは医師の忠告を受け入れたものの、意気消沈してしまった。

しかしファゴンの決定はシャンパーニュ一帯に衝撃を与えた。シャンパーニュ人は侮辱されたと感じ、自分たちの信用に疑いが差しはさまれたと言いつのった。

その決定はさらに、一六五二年以来続いているシャンパーニュとブルゴーニュの諍《いさか》いを悪化させた。両地域はともに赤ワインを生産していて、ともに自分たちの製品が最高であるばかりでなく、健康維持にも最適と確信していた。双方がワイン生産者やワイン商と一体になってそれを証明しようと骨を折った。医学生に金を払って自分たちの見解を裏づける論文を提出させたりもした。論文は宣伝に使われたり、顧客に配られたりした。

ブルゴーニュのほうが優れているというファゴンの主張のあと、ランスの医師会はそれに反論を試みた。証拠として医師たちは、ドン・ペリニョンの修道院のあったオーヴィレールのピエトンというブドウ栽培者の例を出した。この男は百十歳で結婚し、百十八歳で亡くなった。医師たちはこの結婚で子どもができたか否かには触れず、ピエトンの例はシャンパーニュのワインのほうが健康と長寿のためになることを疑いもなく証明していると強調した。

ブルゴーニュでブドウ栽培とワインづくりを兼業している者たちは、すばやく反応した。彼らは、ボーヌの医科大学の学部長でありフランスで最も尊敬を集めている医師のひとり、ジャン＝バティスト・サランを招請した。この医師ならブルゴーニュワインの優位をきっぱり証明してくれるだろうと期待して。

舞台はパリの医師会館である。サランが到着したとき、すでに会場は医師や報道関係者やブルゴーニュ人、そして警戒心を抱くシャンパーニュ人ですし詰めだった。サランが演壇に近づくと、聴衆はしんと静まりかえった。

サランはまず、イギリス、ドイツ、デンマーク、イタリアの各王室はブルゴーニュワインだけを飲んでいると指摘した。シャンパーニュワインの人気が高いことは認めたが、それは単に王の大臣二人がそこにブドウ畑を持っていて、自分たちの利益のためにそこのワインを推奨しているからにすぎないと彼は言った。「このワインには力強さがありません、かつては〝豊潤《ジェネロシテ》〟と呼ばれていた活力がない。弱々しく中途半端で水っぽい。色は変わりやすく、安定していません。そしてこのワインは輸送に耐えないのです(16)」

ブルゴーニュワインは――とサランは言った――こくのある、血の色をした豊かな赤だ。彼はブルゴーニュが供された二つの例を挙げた。ひとつはヴェネツィアの祭礼、もうひとつはポーランドの戴冠式である。「このワインは大変な長距離輸送を強いられました」彼は言った。「どちらの場合も、到着したときは完璧な状態でした」

結論を述べる際、サランは用意した原稿から顔を上げた。彼は断言した「ブルゴーニュワインにかなうものはありません。このワインは季節を問わず美味しいのです」。

聴衆から歓声と罵声が湧きおこった。会場の一角で、対立する地域の住民同士で殴り合いが始まり、乱闘をやめさせるのに守衛が呼ばれる始末だった。

サランの講演はただちに印刷されて国中に配られた。シャンパーニュ人は動揺した。自分たちのワインの色が薄く、また色にばらつきがある点や、春には悩ましい泡が立ちはじめる点をサランがかなり露骨に突いてきたのを彼らは見すごせなかった。それは火に油を注いだようなもので、舌戦は加熱した。

シャンパーニュ人はすぐさま、サランの論点にいちいち反駁できる自分たちの擁護者を選び出した。その男、ランスの尊敬されている医師ピエール・ル・ペシュールは、シャンパーニュワインは宮廷が好んだからではなく、その長所の故に人気があるのだと述べた。「そしてついでながら」と彼はつけ加えた、「大臣たちがシャンパーニュにブドウ畑を持っているというのは悪い冗談だ。彼らは持っていない。大臣たちは毛織物業に関わっているのだ」。

ル・ペシュールは、王の侍医が「陰険な策謀」をめぐらして王と家臣たちをブルゴーニュに改宗させたと非難した。「一歩宮廷を出れば、大半の者はまたシャンパンに戻るとわれわれに言っている。ブルゴーニュを飲むことには何の喜びもないのだから、と」

ル・ペシュールは続けて、シャンパンはヨーロッパ中に忠実な支持者を獲得していると述べる。イギリス人もドイツ人も、さらにスカンジナヴィアの国々も、ブルゴーニュよりシャンパーニュから多くのワインを買っている。「なぜならこちらのほうが良質だからだ」と彼は断言する。「われわれは澄みきったワインをつくる秘密を知っているから、地の果てであっても無事にワインを届けられる。ポーランドやヴェネツィアなどどうということもない」と彼は鼻で笑った。「われわれは遠くペルシアやシャムやスリナムまでもワインを送ったことがあり、そのような長い旅のあとでも、そのワインは美味しかったと誰もが認めている」

論を締めくくるにあたり、ル・ペシュールは「丘の仲間《オルドル・デ・コト》」と呼ばれるある集団を例に出した。これは特にヴェルサイユでシャンパーニュワインの人気を高めるのに功績のあった若い食通貴族の会である。この男たちはすべて最良のものにこだわった――ノルマンディの仔牛肉、オーヴェルニュのヤマウズラ、そしてワインはシャンパーニュの丘陵地帯《コト》のもののみ。会員の中でいちばん有名な人物はサン＝テヴルモン侯爵だが、この貴族は君主制についての諷刺文書を書いたあと、バスティーユ監獄への収監を避けてイギリスに逃れ、その地で美食の権威になっていた。

ル・ペシュールはそのサン＝テヴルモンが書いたもうひとつの文書を引用した。「ここしばらく、ブルゴーニュワインは本物の味覚を持つ人々の信用を失いつつある。最高のものを味わおうとする人は、シャンパーニュのワインを得るために遠きをものともせず出かけていき、払うべきものを払わねばならない。なぜならこれこそ季節を問わぬ本物のワインなのだから」

一七〇六年にル・ペシュールの論文が発表される頃には、誰もがこの論争に参加したがっていた。詩人や劇作家をはじめとする物書きがこぞって、新聞や雑誌で自分の好みのワインのために論陣を張った。一七一二年、シャンパーニュのある大学教授がラテン語でこの地のワインへの頌歌を書いたとき、ランスの町は彼に大量のシャンパンと年金を贈った。これが刺激となって、さらに多くの物書きがワインについての文章を仕事の中心に据えることになった。

この年の終わりになると、パリは大小の論文や詩をはじめとするワイン紛争関連の議論であふれかえった。これらのほとんどはチブーという印刷屋の手で活字にされたものだが、彼は論戦によって莫大な金を稼いだおかげで、楽隠居の身となったくらいだ。(17)

二つのワイン産地間の諍いは百三十年近く続いた。時にそれはあまりに激化し、ブルゴーニュとシャンパーニュが本物の戦争の瀬戸際まで行ったことさえあった。しかし、結局この論争は、あまりの言葉の重みに耐えかねたように尻すぼみになってしまった。

だが、論争終結を促した要因はもうひとつある。しかもそれはまったく思いがけないものだった。シャンパン生産者たちがついに泡を生かすすべを学びはじめたのだ。加えて、シャンパンの泡が健康によいと確信する医師の数が、シャンパーニュ地方に限らず各所で増大していった。泡はマラリアを治すと彼らは言った。澱んだ堀に囲まれたランスなどの城壁都市においては、誰にとっても耳よりな情報だ。発泡性のワインは突然人気の的となった、とりわけ貴顕富裕の士のあいだで。

結果として、争うべき理由がなくなってしまったのである。シャンパーニュとブルゴーニュは、今やまったく異なるワインをつくりつつあった。ブルゴーニュと競いあう赤ワインをつくる代わりに、シャンパーニュ人は完全に新しい路線を歩みはじめた。いっぽうブルゴーニュの人々も、シャンパンに価格を切り崩される心配をせずに、自分たちのワインづくりに専念できるようになった。

ルイ十四世もドン・ペリニョンも、論争のこの終わり方を知ったら喜ばなかったろう。二人ともシャンパンの泡が嫌いだったのだから。オーヴィレールのカーヴ主任は泡をとり除くために生涯奮闘し、いっぽう年老いてから保守的で謹厳になった太陽王は、泡を甥のオルレアン公の放埒な生活の象徴と見なしたのである。

その晩年、ルイ十四世は食事の量を減らし、運動も控えめにするように言われていた。王は数々の疾患に悩まされるようになっていたが、その中には侍医のファゴンが座骨神経痛と診断したものも含まれていた。だが実際には太陽王は脚の壊疽《えそ》にかかっていたのだ。「きちんとブルゴーニュワインで洗っていれば大丈夫です」ファゴンは言った。長い苦痛の末に、ルイ十四世は七十七歳の誕生日を迎えるわずか三日前に世を去った。

王は死後に、記念碑的建造物と法律を残した。それは自らの政治的決意、そして偉大さというものに対する彼個人の理想を表現するものであった。だが歴史家のルネ・ガンディロンは言った、「もしひとりの謙虚なベネディクト派の修道僧が同時代にシャンパンをつくる技術を完成しなかったら、ルイ十四世の太陽は少なくとも一条の光を失っていただろう[18]」。

ドン・ペリニョンはルイ十四世の死の三週間後に亡くなった。たがいにわずか数キロしか離れていない場所にいたことすらあったのに、彼は一度も自国の君主に会わなかった。だがおそらくそのほうがよかったのだ。ガンディロンが言うように「国王陛下の誉れには、平和の徴《しるし》の下で生きた男が気に入るにはあまりに多くの戦争が刻みこまれていた[19]」。

オーヴィレールでのドン・ペリニョンの働きのおかげで、その頃すでに修道院は隆盛をきわめており、ブドウ畑は倍の広さになっていた。カーヴ主任と彼が成しとげたすべての仕事に対する敬意の印として、修道僧たちは教会でふつう大修道院長のためにとっておかれる場所に彼を埋葬した。

「ワインづくりにあれほどの才能を持った人間はいなかった」彼の後輩は言った。ドン・ペリニョンは「この修道院の守護者であり、指導天使だった」ともう一人の修道僧は述べた、「まったき高徳の誉れを残して亡くなったが、信仰の兄弟たちに感謝の念をもって記憶されるだろう[20]」。

第二章　鉄の面をかぶった男たち

狩りは成功だった。ヴェルサイユ宮殿全体に数日分の食量を供するに充分な獲物が仕留められた。狩人たちは上機嫌だったが、このあとの昼食を考えるとよけいにわくわくした。その朝、イギリス沿岸部のコルチェスターから新鮮なカキが運ばれてきたのだ。ワインの新酒もふるまわれることになっていた。富貴有爵の士をあっというまに虜《とりこ》にしたワイン——発泡性のシャンパンである。

画家ジャン＝フランソワ・ド・トロワが、宮殿などの造営を監督するフランスの建築長官からヴェルサイユのプティ・アパルトマン内の「狩りの食堂」に絵を描く仕事を依頼されたとき、最初にひらめいたイメージはそれだった。狩りの食堂は王が私的なもてなしに使うものだ。

その食事の情景はド・トロワには馴染みのものだった。彼はけっして貧乏画家ではなく、むしろ大いに成功した部類で、多くの時間を王宮の内外で過ごして、啓蒙時代《シエクル・デ・リユミエール》を特徴づける社交騒ぎに加わっていた。

それはフランスにおける知的・芸術的刷新の時代であり、ジャン＝フランソワ・ド・トロワはこのきらびやかな時代にぴったりの男だった。二枚目で、愛嬌があり、装いも非のうちどころがない。彼が美女をかたわらにしていないことはめったになかった。人々はその軽妙で才気あふれる会話を取りざたした。十八世紀のフランスでは会話の妙は大いなる美徳だったのである。

ド・トロワの絵画修行の師は父親だった。父はフランス画家彫刻家アカデミーの長であり、出世への門戸を開き縁故関係を築くための鍵となる王室の庇護を受けていた。しかし、宮廷の注目を集めたのはジャン＝フランソワ自身の才能だった。

一七三四年に建築長官がド・トロワに、ルイ十五世が絵を描いてもらいたがっていると伝えると、画家は王が何を求めているかを即座に理解した。彼は、ルイが曾祖父である太陽王の仰々しい形式尊重ぶりに息が詰まりそうになっているのに気づいていた。ルイは何かもっと親密なものが好きだった。公的な派手派手しさを逃れて、親しい友人たちと、とりわけ愛妾のポンパドゥール夫人と時を過ごせる場所が欲しかった。それがヴェルサイユに食事のためだけの特別な部屋を取っておいた理由である。宮殿の部屋がそのような目的のためだけにしつらえられたのはこれが初めてだった。ド・トロワの仕事は、軽い雰囲気をつくりだす手助けをすることだ。

それなら、シャンパンを絵の焦点に、宴会の食事の中心に使う以上に良い方法があるだろうか。ド・トロワにとってシャンパンは良き生活の象徴だった。陽気さ、生き生きした会話、優雅さ――まさに、王が新しい食堂でかもし出そうと願ったものだ。

パリのアトリエで仕事を開始したド・トロワは、まず青い紙に木炭で何枚かのスケッチを、次いで一枚の素描というか、彼が描くつもりでいる絵の略図を描いた。彼が自分のアイデアを王の顧問たちに示すと、彼らは熱狂し、ド・トロワに仕事を進めるお墨つきを与えた。

その成果が《カキの昼食《ル・デジュネ・ドゥイトル》》である。発泡性のシャンパンが絵画に描かれたのはこれが最初だった。

ある意味でその絵はほとんどスナップ写真だ。十二人の紳士が白いリネンのかかった楕円形のテーブルに着いているが、彼らの会話は、シャンパンの瓶のコルクが天井めがけて飛ぶのを見て突然中断する。コルクは彼らの視線を追うことでしか見つからない。栓は一本の柱を背景にしてほとんど消えてしまっているからだ。瓶を開けた男がいちばんびっくりしているように見える。彼はまだ、コルクを押さえておく栓の紐を切ったナイフを握ったままだ。

前景では大量のカキが籠から床にこぼれ落ち、いっぽう氷を満たした花台の中でシャンパンの瓶が冷やされている。各席には下向きに傾けた円錐形のグラスが入った小さなボウルが置かれている。この時代、一杯のシャンパンはひと息に飲み干され、空いたグラスはシャンパンから出た多量の澱《おり》を流すために逆さにしてボウルに伏せられた。次の一杯はいつもきれいになったグラスに注がれたのだ。

男たちはおそらく狩りから帰ったばかりだろうが、それにしてはずいぶん優雅な服装をしている。彼らの衣裳はむしろ、部屋の華麗な装飾とド・トロワの雅び好みのほうに見合っている。この絵の中のただ一人の女性は、イルカを従えて壁の凹所から彼らを見ている海の女神アムピトリーテーの官能的な彫像だ。天井からは一種の〝楽屋落ち〟が皆を見下ろしている。これはド・トロワの別の作品、《西風《ゼピュロス》の神と花の女神《フローラ》》の図像を逆にしたものなのだ。

《カキの昼食》はド・トロワの力作である。きわめて精妙に描かれ、みごとに仕上がったこの作品は、披露されるやいなや激賞を浴びた。

にもかかわらずこの絵には、誰も気づかなかったかもしれないが、一つの特徴がある。絵の登場人物たちが、召使いから主人までみな基本的に同じ顔をしているのだ。ある美術史家が言うように、ひょっとしたらこれは、ド・トロワがすぐれた肖像画家ではなかったせいかもしれない。あるいはそれは、ド・トロ

ワが望んだこと、彼が意図したことなのかもしれない――シャンパンがこのショーの主役であると念を押すこと。(1)

50

ある意味で、そもそもこのショーが催されたこと自体が、つまりルイ十五世が王位についたこと自体が奇蹟だった。彼の前にルイ十四世の世継ぎ候補は大勢いた。ところが一年足らずのあいだに、その候補たちが次々に亡くなったのだ。まず最初が太陽王の息子、次が孫、そのあとが最年長の曾孫。ほかの親族も、ルイ十五世の母親も含めて同様に世を去った。全員が天然痘やはしかに冒されたのだ。孤児になったルイは、乳母が彼をこっそり宮廷医たちのもとから連れ去ったおかげで、かろうじて生き延びた。この医者たちはほとんどどんな病気にも瀉血治療しかしなかった。

弱々しい赤んぼうだけを世継ぎとして一族に先立たれた老太陽王は遺言を修正し、みずからの死後、ルイ十五世がしかるべき年齢に達するまでは摂政団が国を統治することと定めた。王の心配は、従兄弟のオルレアン公フィリップが王権の奪取を狙っていることだった。フィリップは放蕩者で、「見境いのない肉欲」を露わにする男であり、彼のなかでは「あらゆる悪徳がせめぎあっている」と言われていた。

だがたとえ絶対君主でも、墓の中から物事を支配することはできない。一七一五年に老王が亡くなると、フィリップは策略をめぐらして君主の遺志をくつがえし、みずからを摂政に任命した。ルイ十五世が自分の責務を引き受ける年齢になるまでの事実上の支配者である。(2)

宮廷生活はにわかに変容した。ヴェルサイユは完全に閉鎖され、すべてがフィリップの住まいであるパリのパレ・ロワイヤルに移された。五歳のルイ十五世は、乳母や家庭教師たちとともど近くのチュイルリ宮殿に入った。

ある観察者の言によれば、オルレアン公の舵取りによってフランスは「史上最も軽薄で贅沢で騒がしい十年」へと乗り出した。知性豊かで軍事的な才もあるフィリップは、日中は仕事に邁進したものの、夜になると話は別だった。放埒な若い婦人や化粧した伊達男、放蕩者や好色な修道僧たちが群れをなして、ロ一ソクの輝くフィリップの夕食会めざしてパレ・ロワイヤルに押しかけた。しかし彼の「夕食会《プティ・スペ》」は実は飲めや歌えの馬鹿騒ぎであり、巷の噂にもなっていった。フィリップはこの乱痴気騒ぎを制するどころか、面白がって、自分の夜の宴にやってくる者たちのために「ルエ」(悪い奴ら)という新しい呼び名を考えた。これは本来「車裂《ルエ》きの刑に値する者」という意味だ。

ルエのひとり、リシュリュー公によれば、「シャンパンの酔いでみんなが浮かれた気分になるまでは、馬鹿騒ぎは始まらなかった(3)」。たいていの場合、瓶を開けるのは婦人の役目だった。紐を切るとコルクがポンと飛んで泡が吹き上がる。彼女たちはその性的暗示を大いに面白がった。ルエの仲間入りをしている好色坊主たちのひとりもこの暗示を見逃さなかった。彼はこんなふうに書いている。

ごらん、歓喜に満ちた甘美な液体が
美しい指先の下でほとばしり
流れ出すのを。
愛の営みもかくありたいもの(4)。

ほどなく夕食会という催しはフランスで最も人気のある娯楽になり、すぐにほかの国々でも真似するようになる。シャンパンの人気をあおるのに、あるいは歓楽と恋のワインとしてのその名声を高めるのに、この催し以上に効果的なものはなかっただろう。

ロンドンでイギリス人はもう「一歩」先へ進んだ。ある地方紙の記事によれば、「何人かの道楽者」が有名な娼婦といっしょに痛飲したとき、中のひとりが女の靴を脱がせた。「婦人に対する慇懃さにもほどがあるが、彼はその靴にシャンパンを満たし、彼女の健康を祈って飲み干した。お追従《ついしょう》はさらに続き、その男は靴を下ごしらえしてバターで炒め、ソースをからませて夕食に供するよう命じた(5)」

一七三〇年までに、シャンパンはヨーロッパの宮廷を征服した。ロンドン、ブリュッセル、ウィーン、マドリードの各宮殿ではおびただしい量が飲まれていた。プロイセンのフリードリヒ大王は、当時もまだあらゆる人を悩ましていた疑問を呈した——正確なところ、シャンパンを泡立てているものはいったい何なのだ？　大王は科学アカデミーの専門家たちに質問を投げかけたが、彼らはこう言った。喜んで調査いたしますが、実験に必要なだけのシャンパンを買う余裕がございません。彼らが大王にその酒倉から四十本寄付していただけないかと頼んだところ、大王は断った。シャンパンを失うくらいなら、知らないままでいるほうがいいと言って(6)。

だが、すべての王室の中でシャンパンの泡にいちばん惚れこんでいたのはロシアのそれである。ピョートル大帝は毎夜自分のベッドに四本持っていった。彼の娘で女帝となったエリザヴェータは、トカイ酒に代えてシャンパンを乾杯用の公式ワインに選定した最初の統治者となった。その性欲が伝説になっている女帝エカテリーナ二世は、彼女の若い将校たちの「精力増強」のためにシャンパンを使った。女帝は特にラズモフスキーという名の将校がお気に入りだったにちがいない。なぜなら彼は毎年十万本のフランスワインを注文していたが、そのうち一万七千本がシャンパンなのだから。女帝はラズモフスキーを陸軍元帥に抜擢した[7]。

ワインの権威であるイギリスのヒュー・ジョンソンによれば、「これまで、その特質によって、このようにほとんどひとつの生活様式と言ってもいいような雰囲気を創り出したワインや飲み物はほかにない[8]」しかし、シャンパーニュ地方でつくられるワインのうち、発泡性シャンパンの占める割合はほんのわずか――二パーセント以下――にすぎなかった。

シャンパーニュの酒造家たちは発泡性ワインには尻ごみしていた。それがまったく予測しがたいものだからだ。ときには気が抜けて泡が立たず、またときには、ブドウが熟し損ねたときにある生産者が評したように「青くて犬のように固い（未熟で舌触りが悪い）[9]」。発泡性ワインを木樽で寝かせすぎると、泡は大きくなりすぎ、ほとんどどろりとしたものになる。〝ヒキガエルの目《イウ・ド・クラポ》〟と呼ばれる状態だ。もし汚物や細菌が混じるとシャンパンは油っぽくなって濁ったり、粘つく虫のような舌触りになることがある。

シャンパーニュの最初のワイン商のひとり、アダム・ベルタン・ド・ロシュレは、発泡性のシャンパンに関わることはすべてにべもなく拒否した。国王のマスケット銃兵隊の長である有名なダルタニアンから注文を受けたとき、ド・ロシュレは売るのを拒み、こう説明した。「それは忌まわしい飲み物です。発泡というのはビールや泡立てたクリームのものです[10]」

だがそれほど多くのワイン商や生産者が発泡性シャンパンを避けるのには、やむをえざる理由がもうひとつあった。このシャンパンは危険だったのだ。シャンパンの泡をつくり出すそもそもの要素である炭酸ガスの蓄積があまりに大量になると、それが瓶を爆発させたのである。発酵作用についてはまだ知られていなかった。酵母や炭酸ガスのことなど誰も聞いたことがなかった。だからその調整の仕方はまさに誰ひとり知らなかったのだ。ある科学者は述べている。「これらの現象はあまりに不思議なので、この先誰もそれを説明することはできないだろう。事故はことごとくあまりに多様で奇妙だから、最も経験豊富な専門家ですら、これを予見したり発生を防いだりすることはできない(11)」

誰もが知っているのはただ、ワインは瓶に詰められた直後から〝働き〟はじめて、そのあと冬のあいだは冬眠に入るということだけだった。〝三月の月夜〟のあと、気温が上昇すると、ワインは泡立ちはじめる。今では第二次発酵として知られている作用だ。夏になるとワインは〝激怒する《アン・フュリ》〟ことがあり、魔女の大鍋のように泡立って、しまいには瓶が爆発しはじめる。

〝悪魔のワイン〟。彼らはこれをそう呼び、まず鉄の面をかぶってからでないとカーヴに入ろうとしなかった。この面は野球のキャッチャーマスクを無骨にしたようなもので、保護用の鉄格子を厚く重ねてある。この面を着けていてさえ、つぶれた目や手の傷痕は、瓶のはざまで働く人々の特徴になっていた。ある一社だけで三人が、飛んできたガラスの破片によって失明している。

一本の瓶の爆発が暑熱のせいで次々にほかの瓶の爆発を招く連鎖反応も頻々と起こった。カーヴ主任は温度を下げておくために冷たい水を撒いたが、たいした効果はなかった。「最初は六千本あったんだが」あるシャンパン生産者は言った、「最後に残ったのはたった百二十本だ」。別の生産者は、自分の丹誠こめた商品が目の前で爆発するのを見て乱心し、棍棒を手にカーヴを駆けぬけながら、「こんちくしょう、こうしてやる！」と叫んで残った瓶を叩き割った。

シャンパンがあまりに大量にまき散らされ、カーヴが泡だらけの沼地のようになってしまうこともよくあった。多くの生産者が、果汁を排出できるようにカーヴの床に傾きをつけはじめた。いくつかのメゾンでは泡を漏斗《じょうご》で巨大な壺に集め、従業員が家に持ち帰って料理に使った。通常、従業員は割れた瓶のガラスを集めて持ち帰る権利も与えられていた。彼らはそれを売って、いわばある種の危険手当てを得たのである。

そんな危険があるのに、ブドウ栽培者でありワイン生産者でもある若いクロード・モエが自分の商売を発泡性のシャンパンだけに集中させるつもりだと言うのを聞いて、多くのシャンパーニュ人は仰天した。彼は正気なのか？　毎年瓶の二割から八割が破損しかねないのを知らないのか？

モエは問題にはっきり気づいていたが、新しい時代がすぐそこに来ているという確信があった。彼はドン・ペリニョンの後継者であるドン・ピエールが少し前に言ったことを信じていた。好みは変わりつつあり、発泡ワインがシャンパーニュの他のワインを打ち負かす日はさほど遠くないだろうという言葉を。

モエの販売術のセンスがそれを成し遂げる助けになった。彼は顧客との個人的な接触の重要さを、特に影響力のある顧客とのそれを認識した最初の人間だった。一七三〇年代にはヴェルサイユ宮殿への定期的な旅を始め、まもなく、宮廷に認可されたほんの少数のワイン商のひとりになった[12]。

一四二九年に彼の先祖のひとりがジャンヌ・ダルクの側に立って戦ったことが、このとき役に立った。その先祖はルクレルクというオランダ人で、彼がイギリス軍を食い止めるのに助力したおかげでシャルル四世が戴冠できたのだ。オルレアンの乙女がシャルルを大聖堂に導いているとき、ランスの市門の近くで軍の先頭に立ってルクレルクは叫んだ。「そうあらねばならぬのだ[13]（Het moet zoo zijn《ヘット・ムット・ゾー・ゼイン》）」。彼の強い声と、それ以上に強い剣の腕前に、王は手厚く報いた。またその叫びによって彼は新しい名前を手に入れた。王はその決断力を讃えて、彼にモエ（Moët）という名を与えたのだ。

ルクレルクのその性格はクロード・モエにも受け継がれていた。一七五〇年になると、破損の問題があるにもかかわらず、彼は一年に五万本の発泡性シャンパンを生産しつつあった。十八世紀には年間三十万本以上のワインを生産したことがない一地域において、これは前代未聞の生産量だった。

ある時のヴェルサイユ詣で、モエは彼のシャンパンをぜひ飲んでみたいという若く美しい婦人の一団に紹介された。シャンパンが「素晴らしく甘美で女性的」だとわかって、彼女たちはさらに飲みたがった。中の一人がルイ十五世の公式の愛妾、ポンパドゥール夫人だったが、夫人はすぐさまモエをとびきりひいきにするようになり、あらゆる重要な祝典で彼の発泡性シャンパンを供するよう取りはからってくれた。「シャンパンは」夫人は言った、「飲んだあとも女性が美しいままでいられるただひとつのワインです」

何気なく口にされるこのような警句は、会話というものが絵画や彫刻と同様に芸術と見なされていた時代を反映しているように思える。作家のナンシー・ミットフォードによれば、「おしゃべりはこの時代の娯楽だった。陽気で、噂話をたっぷり盛りこんだ冗談まじりのおしゃべりは、徒然の時間に延々と、ときには夜どおし続いた。そして公爵夫人（ポンパドゥール）は抜きんでて会話が巧みだった」[14]。おしゃべりはルイ十五世の晩餐会に活気を与えた。会は「狩りの食堂」の親密な雰囲気の中で頻繁に開催されたが、そこでは宮廷の堅苦しい行儀作法は緩み、客たちは思うことを遠慮なく口にするよう仕向けられた。政治、哲学、食べ物、セックス——話題にタブーはなかった。

残された書簡などの資料——その中には、部屋の片隅や小さな露台などほとんど目につかないところに静かに座っていたポンパドゥール夫人の侍女による大量の備忘録も含まれている——から、そのような会話の模様をたやすく思い浮かべることができる。

ルイ（シャンパンのグラスを掲げながら）ミノルカ島のマオンにおけるリシュリュー公爵の勝利を祝して乾杯しようではないか。

ポンパドゥール　（微笑みながら）　公はご婦人方を誘惑するときと同じ気楽なやり方で町を攻略なさったようですね。

ルイ　ああ、だが公からの知らせでは、女がひとりもいなかったので、あの町の包囲は退屈だったそうだ。

ポンパドゥール　では、公からあの方の料理人のことはお聞きになっていらっしゃいますか？　あの島にはバターもクリームもなかったので、料理人は油と玉子でとびきりのソースを作ったのです。公はたいそう気に入られて、それを〝マオネーズ〟と呼ばれました。(15)

晩餐会には、王の特別な興味を反映して、兵士や庭師や建築家が頻繁に招かれたが、物書きが臨席することはめったになかった。王は彼らを怖がっていたのだ。たいていはポンパドゥール夫人が言い張って――彼女は特にヴォルテールがごひいきだった――作家たちを招いたときには、彼らは別室で食事をしなければならなかった。王はヴォルテールを小うるさい無礼な男だと思っていたが、ヴォルテールがシャンパンについて書いた対句には賛同していた。

泡のはじける冷えたワインに
わがフランス人のきらめく似姿

ヴォルテールが言っているのは、フランス人の性格がシャンパンの輝く泡に反映しているということだ。当時たいていの人は「シャンパーニュのワイン」と言っていたが、そうではなくただ「シャンパン」

なのだ。これはポンパドゥール夫人がこだわった区別である。彼女は、発泡性シャンパンがきわめて独特のもので、シャンパーニュのほかのワインとはまったく異なることを理解した先覚者のひとりだった。

公爵夫人は生活のかなりの時間をシャンパーニュで過ごした。彼女の父親と兄はそこに土地と屋敷を所有していた。夫人のシャンパーニュへの旅をより速くより快適にするために、国王は特別な道路を造らせたほどだ。夫人はこの地方のワインがいかなる進歩を遂げてきたかをずっと見てきた。泡のない有名な白ワインに始まり、ルイ十四世が王位につく頃には赤ワインが人気となったが、今ルイ十五世の治下でそれは再び変わりつつあった。

ルイ十五世が最初にやったのは、発泡性シャンパンに基準を設けることだった。かつてさまざまな形と大きさをしていた瓶は、決まった形で決まった量が入るものに統一され、コルクは「しっかり捩《よじ》ってコルクに十字にかけた三つ編みの紐」で留められた。

だがシャンパンに対する王の最大の貢献は、その商売を束縛から解き放ったことだ。一七二八年以前には、シャンパンも含めすべてのワインは木樽で輸送しなければならなかった。なぜなら、樽を単位に税金がかけられていたからだ。泡のないワインならこれは問題ないが、シャンパンにとっては最悪だった。木はシャンパンの泡を壊してしまう。密度の低い木はガスを逃がしてしまうので、シャンパンの気が抜けるのだ。シャンパン生産者たちは、法律を変えていただかなければ程なく商売はつぶれてしまいますと国王に請願した。延々と考えた末、ルイは「言い分は重々わかった」と言って、シャンパンを――ただしシャンパンだけを――瓶で輸送することを許可した。(16) 王のこの決定によって、生産者たちは初めて真剣にシャンパン市場の開拓に手を染めることができるようになった。ルイ自身が認めたように、「シャンパン好きの人々はそれに泡があることを望んでいるのだ」。

それでも、シャンパン生産者は常に泡と戦っていた。多すぎれば瓶が爆発し、足りないと気が抜けたワインになる。生産者たちはなんとか適度に泡を発生させようと奇妙なことまで行なった。ミョウバンやニワトコの実、いろいろな薬、果ては鳩の糞まで加えたりもした。最後のものはさすがに生産者たちも秘密の保持に努めていた。シャンパーニュのある化学者が、鳩の糞便には「人の健康に有益な成分が含まれている」と証言してはいたのだが。

アイの村では、ある生産者が、自分はドン・ペリニョンの〝秘密の処方箋〟を所有していると言い張った。それには、顧客に対し、氷砂糖と桃とシナモンとナツメグ、そしてさらにブランデーを一滴加えると、あなたのシャンパンは〝繊細で泡立ちがよく〟なるでしょうと書いてあるという。

しかし、シャンパンに泡を注入するもっと愉快で芝居がかったやり方がある。それは画家ニコラ・ランクレの《ハムのある昼食》に描かれている。「狩りの食堂」用にルイ十五世から依頼されたもう一枚の絵だ。掛けてある場所はド・トロワの《カキの昼食》から数十センチしか離れていないが、これ以上対照的な絵はないだろう。ピクニックの様子を描いているが、なにやら騒がしい感じがする。客たちがもう酔いすぎているからだ。服も乱れた主人は立ち上がっていて、膝の高さに持ったグラスにえらく上の方からシャンパンを注いでいる。彼の目的はワインを強くグラスにぶつけて泡を増やすことなのだ。

だが最も注目を浴びたのは、やはりド・トロワの〝コルクが飛ぶ《ソト・ブション》〟シャンパンの描写だった。画家はこれによって、やみくもに抱いていた自分の夢——国王の第一の画家になること——が実現しかけていると思うようになった。一七三六年にもう一枚絵を依頼されたとき、目標はまさに目の前にあると彼は確信した。しかしあに図らんや、待ち望んだ地位は別の画家に行ってしまった。後にローマのフランス・アカデミーの所長に任命されたのがド・トロワのせめてもの慰めだった。

ところが本人も驚いたことに、これが常々彼が渇望していた生活のできる素晴らしい職務だったのだ。彼は王侯のような俸給を手にし、同時に「公」の称号を受けた。ローマのアカデミーが外国人を公に選ぶことはきわめて稀だったから、これは大変な栄誉である。ド・トロワはまた豪華なアパルトマン、オペラ座の桟敷席、そしてその席をともにする美しい愛人を得た。

フランス美術界のつまらない妬みや、そこで展開しつつあると友人たちが語る諸変化をよそにローマにいることは、ド・トロワにとってある意味で救いだった。フランスは未だ経済的繁栄を謳歌し、読み書き能力を持つ人口も倍増、平均寿命も順調に伸びていたが、混乱のきざしは現われていた。君主制はすでに硬直化し、古臭く、時代にそぐわないように見えた。加えて、「全社会秩序は朕から発している」という王の態度に多くの国民が憤慨していた。

この憤りはよくコーヒーハウスで開陳された。そこには作家や哲学者などの知識人が集まり、人間の理性や人権といった問題を大いに論じ合った。しかし気をつけなければならなかった。ひと言口がすべれば、亡命や投獄が待っているかもしれないのだ。たとえば宮廷の不真面目さや性的な逸脱を批判する場合、ヴォルテールやルソーやディドロのような人たちはその攻撃をしばしば小説や寓話の形で表現した。

ド・トロワが憶えているあの優雅なサロンで交わされた自由奔放な議論、あの〝おしゃべり〟とは何という違いだろう。彼の愛するシャンパンですらかつてほどの人気はないとド・トロワは聞いた。その値段は今や、瓶一本が平均的な人の収入四日分に当たるところまで跳ね上がっていた。

ド・トロワの立場からしてもっと心穏やかでないのは、美術の趣味も変化しつつあることだ。彼が描いたような軽やかで優雅な社交場面はもはや流行遅れだった。古典主義がロココに取って代わりつつあった。人々はもっと生真面目な様式で描かれた作品、たとえば巨大なキャンバスに描かれたジャック＝ルイ・ダヴィッドの絵のようなものを求めていた。

一七五二年、ド・トロワはローマでの職の交替を告げられ、帰国を迫られた。これは深刻な打撃だった。たとえ帰国しても自分は適応できないこと、時代遅れと見られることが彼にはわかっていた。時代の寵児を自任している男に起こりうる最悪の事態だ。結局ド・トロワは、帰れない口実を次から次へと王に提出して時間稼ぎを図った。

ある夜、愛人とともにオペラを観劇中の桟敷に使いの者がやってきて、彼の後任が到着したと耳元で囁いた。ド・トロワは、もはや言い訳は効かないことを悟った。

オペラがはね、愛人を家まで送ったあと、彼は心臓発作に襲われた。数時間後、七十三歳の画家は世を去った。

ド・トロワの心をさほどにかき乱した諸変化には、さらに加速度がついた。一七五七年、ド・トロワの死からちょうど五年後のこと、ひとりの失業した召使いがナイフを握って護衛を押しのけ、ルイ十五世に傷を負わせた。襲撃者は、人々の困窮が自分を行動に駆りたてたと語った。

その困窮は無数の要因によるものだ――フランスに植民地の大半を失わせることになったイギリスとの

惨憺たる七年戦争、うなぎ登りの税金、うち続く凶作、食糧価格の上昇、失業と犯罪の増加、そして大量の家畜を殺した牛疫（反芻動物の急性ウィルス病）。

天然痘によるルイ十五世の死と子どもっぽいルイ十六世の即位によって、君主制はますます専制的になり、現実から遊離していくと大半の国民が考えた。新国王は、ある勅令が法に適っているかどうかを質問されてぶっきらぼうに答えた「それは合法的だ。なぜなら余が欲しているのだから[17]」

ほんの少し前まではすべてがうまくいっていたシャンパーニュでも、状況はにわかに厳しくなった。一七七六年のアメリカ独立戦争に際し、反抗する植民地を孤立させるべくイギリスが航路を封鎖したため、シャンパンの販売は急激に落ちこんだ。同じ年、極端な猛暑のせいで瓶の破裂が記録的な量に達し、損失は優に九〇パーセントを上まわった。さらに、旱魃のため毎年のように凶作が続いた。ある年など、ブドウの収穫量は例年の十分の一以下に落ちこんだ。かつては豊かだったオジェで、村役人が言った。「ブドウ栽培者は自分の財産をもう何も持っていない。まさに農奴に戻ってしまった」

だが最後の引き金を引いたのはフランス人の主食であるパン、いやむしろパンくずだった。シャンパーニュ中で、さらにフランスの他の地域でも、飢えた農民たちが穀物不足に抗議して立ち上がった。一七八九年の夏、パンの価格がかつて例を見ない水準まで高騰した。国民の不満に対し、王妃マリー＝アントワネットはあの有名な反論を口にした、「みんなにお菓子を食べさせなさい」

曇って蒸し暑い七月十四日、パリの怒れる群衆が、市内への穀物の流入を邪魔しているのはこの連中だと言って市門に駐在している税関の役人たちを襲った。カミーユ・デムーランのような急進的な演説者の「武器を取れ！《オ・ザルム》」という叫びに煽られ、群衆は武器と弾薬を捜して街中を駆けまわった。別の地区で、民衆は憎むべきバスティーユ監獄を襲って少数の囚人を解放した。

知らせを聞いたルイ十六世は尋ねた「ではこれは反乱《レヴォルト》なのか？」答えは「いえ陛下、革命《レヴォリュシオン》でございます[18]」。

よく知られた光景だ――炎に包まれた館や教会、国を脱出する貴族たち、嘲笑を浴びせる群衆のあいだを、貴族や司祭、大臣から平民まであらゆる階級の人間をギロチンに運んでいく荷車。

だがそれほど知られていない光景もある。たとえばシャンパンをすすりながら死刑を宣告する革命軍裁判官[19]。急進的な編集者マラーはシャンパンの配達を待ちながら風呂の中で暗殺された。あとでわかったことだが、そのシャンパンは税関の役人たちに飲まれてしまっていた。デムーランともうひとりの革命家ジョルジュ・ジャック・ダントンは、アイの村から来たシャンパンを分けあいながら、「アイと自由万歳！」と歌った。その直後、二人はギロチンにかけられたのだ。ルイ十六世とマリー＝アントワネットは、首を切られる前の最後の食事にシャンパンをふるまわれた。

国王と王妃がフランスを逃げ出す途中に逮捕されたのはたんなる偶然だった。二人の逮捕劇は、ヴォルテールならわが意を得たりというところだったろう。かつて彼は、「歴史は偶然の産物である」と言ったのだから。

この「偶然」は、王室の一家がドイツとの国境に向かおうとしているときにシャンパーニュで起こった。シャロン＝シュル＝マルヌの近くで一行は二股道にさしかかった。一方は近道だったが、でこぼこで険しく、マルヌ川に沿って走り、次いでモンターニュ・ド・ランスを横切るものだった。ルイは遠回りの道を選んだ。そちらのほうが平坦でなだらかなので時間がはかどると踏んだのである。(20)

それはドン・ペリニョンの生誕地であるサント・ムヌを通る道だったが、一行の命運はそこで尽きた。王家の馬車が通りかかったとき、この地の郵便局長の息子で元竜騎兵のジャン＝バティスト・ドゥルエがこれを見て、中の男の横顔に見覚えがあるように思った。ドゥルエはポケットを探り、五〇リーヴルのルイ金貨を取り出した。一七九一年につくられ、革命期を通して一八〇三年まで流通した硬貨である。ちらっと見ただけで、ドゥルエの疑惑は確認された。金貨の横顔は馬車の中のそれと一致したのだ。彼は国王一家の跡をつけ、ヴァレンヌの近くで警鐘を鳴らした。数分後に王と王妃と子どもたちは逮捕され、翌日パリに連れ戻された。

旧体制《アンシャン・レジーム》の消滅とそれに代わる共和制は、フランスを十年におよぶ政治的・社会的・宗教的混乱に投げこんだ。フランスは国内で戦争をするだけでなく、ヨーロッパのほとんどすべての国と戦争になり、その弱体化につけ込もうと狙う国々によって何度も手痛い敗北を味わった。

一七九二年九月二十日、パリの住民は、プロイセンとオーストリアの軍隊がパリ占領の意図を持ってシャンパーニュに侵入したことを知った。新たに沸きおこっていた愛国心と憤りの念に突き動かされた数千の市民が、政治的な意見の相違を一時棚上げにして、サント＝ムヌの九キロ西にある小村ヴァルミーに急行し、そこでフランス革命軍に合流して敵に立ち向かった。ほかの戦闘に比べてこの戦いはさほど血なまぐさいものではなく、戦死者はおよそ五百人、交戦時間も短かった。わずか数時間で、烏合の衆に近いフランス軍はヨーロッパ最強の二国の連合軍を撃退したのだ。

　この戦いの場に居あわせたドイツの作家ゲーテは、のちにプロイセンの友人たちに言明した。「これは歴史における新しい時代の始まりだ、そして君たちはそれを目撃したと申し立てることができるのだ[21]」

　この勝利はフランスの士気を大いに高めるものだった。ヴァルミーのおかげでフランスの自信が回復しただけでなく、国としての一体感が生まれたのだ。戦いの翌日、パリの憲法制定会議は第一共和制を宣言、正式にブルボン王朝の終焉が告げられた。「国王万歳《ヴィーヴ・ル・ロワ》！」という叫びに代わって、今や「フランス国家万歳《ヴィーヴ・ラ・ナシオン》！」と叫ぶ時代が到来したのだ。

　だがそれは、血にまみれて誕生した国家だった。共和制の敵と見なす者はいかなる人間でも捜しだす恐怖政治の長い腕が伸び、フランスは押しよせる恐怖と告発の波に震え、それは新共和国を分裂の危機にさらした。たった十八か月の間に、五万人がギロチンで処刑されたのである。

　それは背筋の凍るような、そしてたいていは超現実な光景だった。犠牲者がひとりずつ高い断頭台に導かれ、膝をつかされ、台木の上に首を伸ばさせられると、重い刃が落下してすさまじい音を立てる。首が落ちるたびに、この見世物を見物している群衆から耳を聾さんばかりの歓声がわき起こる。

　だが断頭台の間近にいる者には別の声が聞こえた。ギロチンにのぼる順番を待つ人間の声だ。富裕な貴族であったがなんとか処刑を免れたクレギ侯爵によれば、「銀行家も、貴族も、そのほかの人々も、看守にシャンパンを持ってきてくれと叫んでいた[22]」。

シャンパーニュでは、生産者たちは特別慎重に身を処する必要があった。彼らの顧客はまさに追われている人たちだからだ。シャンパン生産者は幾晩も徹夜して請求書の名前を書き替え、記録から称号を抹消して、代わりに〝市民《シトワイアン》〟と書き込んだ。革命期に好まれていた敬称である。[23]

その頃、シャンパンの輸出のほうも実にか細いものになっていた。イギリスにもあまりにわずかのシャンパンしか入ってこなかったので、「血の雫のように惜しそうに」分けられたと言われる。

シャンパン生産者にとって少しは良い知らせがあるとすれば、それは君主制の下での陰険な税制の撤廃だった。かつてシャンパンはあらゆる段階で課税されていた。まずそれがカーヴを出る時点で、次いで輸送の途中で、そしてさらに目的地に到着したときに。その時点では売値の半分以上が税金で失われていた。

だが修道院だけはこれらの課税を免れていた。小作のブドウ栽培者たちは、このような特権に対する恨みを日々募らせていた。小作農は政府に税を納めるだけでなく、教会に作物で十分の一税を納めなければならなかった。加えて平民は、修道僧や貴族が自分たちのブドウを売ってしまうまでは、ブドウを売ることを禁止されていた。もともと貧者を救済するために考えられたこの制度はまったくの逆効果で、小規模なブドウ栽培者を破産に追いやった。そんなわけで、修道僧をはじめとする聖職者は革命に参加した群衆の標的となったのである。

第一共和制の成立にともない、そんな悪質な税制とともに十分の一税は廃止された。教会の財産は国有化され、次いで売り払われた。これは船出したばかりの共和国を破産の瀬戸際から救ったが、同時に国土の地勢も変化させた。

それまで教会の土地はフランスの農地の少なくとも一割を占めており、その半分はブドウ畑だった。

シャンパーニュでは最良のブドウ畑は教会が所有していたが、それが小さな区画に分割され、手頃な価格でブドウ栽培者に売られたのだ。

これらの小さな地所が飛ぶように売れているとき、政府はあるブドウ畑だけは分割せずにおくことを決めたと発表した。かつてドン・ペリニョンが働いていたオーヴィレールの修道院の畑である。ここはランスのあるシャンパン生産者によって買われることになった。

ブルボン王家末期の王たちの華やかな色恋沙汰や優雅な社交生活のおかげで、シャンパンは大いに注目を浴びることになったが、このワインが真に国際的な舞台に登場するのは、まったく異なる背景によるものだった。その背景とは、いくつかの戦争に――激烈な戦闘と長い軍事占領に――まつわるものだ。それらの戦争のすべてを指揮したのは、ナポレオン・ボナパルトという名の若いコルシカ出身の将校だった。

ナポレオンがシャンパンの擁護者になったのは偶然ではない。彼はワインづくりの家に生まれた。父親はブドウ畑を相続していたが、母親も持参金の一部としてもうひとつブドウ畑を一家にもたらした。ナポレオンのおじはよく、ボナパルト家は昔からワインもオリーヴ油もパンもまったく買う必要がなかったと自慢した。自分たちが必要とするものは何でも育てられる充分な土地があるからだ、と。一家がつくっていたワインはヴィトゥーロという赤の上品なイタリアワインで、かなり良質だった。

少年時代のナポレオンは素朴な楽しみにあふれた粗野な暮らしを送った。家から急な斜面をラバに揺られて一家のブドウ畑まで登って行き、そこで彼と兄妹は、仕事や遊びに時間を費やした。ナポレオンは活発でいたずらな子どもで、「けんか好きの腕白小僧」だったと何年かのちに本人も認めている。父親は彼に〝暴風〟というあだ名をつけた。

だがナポレオンの子ども時代は短いものだった、九歳のとき、両親は彼をシャンパーニュのブリエンヌにある王立陸軍幼年学校にやった。はじめのうちナポレオンはそこを嫌がっていた。すべてが故郷とは違っていた――土地も人も話し方も。ほかの生徒たちはナポレオンの訛りをからかった。少年は両親に家に戻してくれるよう懇願した。天候もひどい、と彼は書いた。冬の寒さは厳しく、地中海の暖かさや太陽とは大変な違いだった。

だがひとつだけ同じものがあった――そこにもブドウ畑があったのだ。ブドウの木が学校の周りを取りかこみ、長い散歩や孤独な時間にふさわしい静かな環境を提供していた。天気の良い日など、ナポレオンはときおりブドウ畑のかたわらの木の下に座って、『エルサレム解放』（十六世紀イタリアの作家トルクアート・タッソの傑作叙事詩）などの本に読みふけるのだった。結局ナポレオンはここに落ち着き、自分の新しい「家」に深い愛着を抱くようになった。のちに彼はよくブリエンヌを「私の生まれ故郷」と呼んでいる。

だがナポレオンはきわめて扱いやすい生徒というわけではなかった。教官たちは彼を「無口で、気まぐれで、傲慢で、極端に自己中心的な傾向がある」と見た。しかしながら彼らはまた、ナポレオンが「勉強好きで、数学と地理が得意、精力的に答え、限りない向上心にあふれている」とも見なしていた。(24)

ある日、教官たちにシャンパンを買ってもらおうとブリエンヌにやってきた若い販売員の注意を引きつけたのは、ナポレオンのこういうところだった。その男、ジャン＝レミ・モエは、かつてヴェルサイユ宮殿で発泡性のシャンパンを流行らせたクロード・モエの孫である。二十四歳の若さで、すでにモエは一族のシャンパン会社のために広く旅をしてまわっていた。彼とナポレオンが引き合わされたのは偶然だったが、モエは会ったとたんにナポレオンの情熱と好奇心に惹きつけられた。

多くの点で二人はまったく対照的だった。ナポレオンはまだ十代の少年で、級友からはちょっと田舎者と見られていた。一方のモエは洗練されており、ナポレオンより十一歳年上で、シャンパンの商売を知り尽くしていた。それなのに二人はそりが合った。たぶん互いに共通する性格を認めあったのだろう——野心、決断力、それに細かいことに対処する能力。

モエがブリエンヌを去ったあとも、二人は連絡を取りあい、ジャン＝レミは少年をエペルネの自宅に招いた。これが二人の生涯続くことになる友情の始まりだった。

一七九二年、ジャン＝レミの父親が急死し、彼はひとりでモエのメゾンを維持する責任を負うことになった[25]。商売の引き継ぎにこれ以上困難な時期はありえなかっただろう。まさに恐怖政治が始まったばかりだったからだ。ほかのシャンパン生産者同様ジャン＝レミも、可能な限りいつどこにでもこまめに売って、赤字を出さないよう奮闘した。彼はアメリカへの輸出を開始したばかりであり、これは失いたくない市場だった。モエはそこで既に何人か重要な顧客を獲得していたが、その中には合衆国大統領ジョージ・ワシントンも含まれていた。ジャン＝レミが合衆国に最初に出荷したシャンパンは、ワシントンが一七九〇年の三月四日に催した晩餐会にちょうど間に合った。ワシントンの会計簿は、船から彼の屋敷への「シャンパン六籠」の配達料に六六ペンス支払ったことを記録している。客のひとりであるノース・カロライナ出身の上院議員によれば、「大統領と夫人は素晴らしいシャンパンを出してくれた」[26]。

だがフランス革命とそれに続く戦争のあいだ、ジャン＝レミは合衆国にあと一度しかシャンパンを出荷できなかった。主としてイギリス海軍による海上封鎖のせいである。彼のさらなる頭痛の種は、ブドウ畑の状態の悪さだった。畑は聖職者たちが四散してしまったあと放置され、新しい所有者に売却されるのを待つあいだ世話もされずにいた。買い手は往々にしてブドウ栽培については貧弱な知識しかなく、ブドウの木の世話の仕方を知らなかった。その結果、ジャン＝レミのようなシャンパン生産者はブドウの適切な供給を得るのに困難をきたした。

この時期はモエのような人々に非常な難問を突きつけたが、今や軍の下級士官となったナポレオンには、逆にその問題が絶好の機会を提供した。そのワインの知識を買われて、彼は教会が所有する有名なクロ・ド・ブジョのワイン畑の没収を担当させられた。これはブルゴーニュのシトー派の壮大な修道院に属している畑だった。

ナポレオンのシトーでの成功がパリの軍司令官の目にとまり、司令官は彼を招聘して王党派の反乱鎮圧に当たらせた。ナポレオンは——ある記録によれば——「ブドウ弾（小銃の弾丸をまとめて砲弾にしたもの。ナポレオンがこの鎮圧のために大胆にも市街地で使用して有名になった）を発射して」この任務を果たした。この功績により彼は将軍に昇進した。二十四歳の若さだった。一七九八年、ナポレオンはイギリスの中東への進出を阻止すべくエジプトに派遣される。イタリアと違ってこの作戦はさしたる成果を上げず、その結果、部下の兵士たちは歌を作って、そもそも自分たちがなぜここにいるのかと疑問を呈した。「ナイルの水はシャンパンじゃない！　それじゃあ俺たちはこの作戦で何をやってるんだ？」[27]

エジプトでの事態がうまく運ばないところにもってきて、フランス本国でも状況はある意味でもっと悪化していた。革命の後遺症で国中がのたうち回っており、君主制支持者たちは王政復古を叫んでいた。恐怖政治は未だに人々を震え上がらせ、国を動かしている総裁政府という腐敗した無力な政体は、どちらに向かうべきか確信を持てなかった。やむをえず彼らはナポレオンに頼り、一七九九年に彼を第一統領に指名した。実質的にナポレオンをフランスの支配者にしたのである。五年後、彼は自ら皇帝を名のった。

ナポレオンの権力掌握はシャンパーニュに間違いなく繁栄の時代をもたらした。まずは彼がジャン＝アントワーヌ・シャプタルを内務大臣に任命したのが卓抜な人事だった。シャプタルは聡明な化学者で、『ブドウ研究』という本を著していた。ワインづくりに関して、地域ごとの言い伝えや伝統を越えてどのブドウ畑にも応用できる科学技術を詳述した画期的な書物である。この本の中でシャプタルは、砂糖を加えてワインのアルコール濃度を上げる方法——彼の名を冠してシャプタリザシオンと呼ばれる——を解説している。寒冷な気候のせいで往々にしてブドウが熟さず、その結果アルコール度が低く酸味の強いシャンパンができてしまうシャンパーニュ地方にとって、この方法はとりわけ重要なものとなった。

それにしても砂糖の入手が問題だった。カリブのサトウキビ農場から船で運ばなければならない砂糖は、一部の人にしか手が出ない贅沢品だった。さらに悪いことに、戦争と海上封鎖で供給は完全に止まってしまっていた。

だが幸いにして、科学と農業に幅広い関心を抱くナポレオンは、五十年前に砂糖はある種のビートから精製しうると述べたひとりの科学者を思い出した。大半の人はそれをまったくの夢物語だと見なして不可能のひと言で片づけ、農民たちもこのアイデアにはいっさい関わろうとしなかった。だがナポレオンは、特別な種類のビートがフランスの必要に答えてくれることを確信していた。この国を砂糖の自給国にすることを決意した彼は、その研究およびビート（サトウダイコン）の栽培奨励計画の開始を農業大臣に命じた。

安価な砂糖の新たな供給は、シャンパン生産者にとっての福音だった。もはや彼らのシャンパンは〝青くて犬のように硬い〟ものではなくなった。今やそれは甘くなり、ますます多くの人がそれを飲みたがっていた。

ナポレオンはと言えば、彼は禁欲的だった。食事は少量で、飲むほうはもっと控えていた。だがひとつだけ、彼が求めてやまないものがあった。その秘書の言によれば、「彼の力を回復させ、気分を引き立てるには、一杯のシャンパンがあれば充分だった」。

どの軍事作戦のときも、ナポレオンは決まってその前にエペルネを通り、友人のジャン＝レミ・モエのカーヴに立ち寄ってシャンパンを仕入れた。「勝利をおさめれば飲む資格があるし、敗北なら飲む必要がある」と彼は言った。ナポレオンがそこに立ち寄れなかったのはただ一度だけで、ひどく急いでいたせいだ。ワーテルローに向かう途中だったのである。

ナポレオンの後ろ盾を大いにこうむって、ジャン＝レミのシャンパン事業は発展した。ナポレオンと妻のジョゼフィーヌ皇后はモエ家を頻繁に訪れた。二人をくつろがせ、華やかにもてなすための趣向として、レミは、ヴェルサイユのトリアノン宮殿と庭園のミニチュアを自分の土地につくらせた。この仕事を監督させるためにレミは、有名な細密画家ジャン・イザベイを呼び寄せている。

ボナパルト一族の他の人々が同じくジャン＝レミのもとへ通ったのは驚くに当たらない。ナポレオンの弟ジェローム もそのうちのひとりだった。兄の手でヴェストファーレン王国の王位につけられていたジェロームは、一八一一年に六千本のシャンパンを注文しにやって来た。その日の晩餐でジェロームは、もしロシア人が全部飲んでしまうのが心配でなければ、倍の量のシャンパンを注文したのだが、と洩らした。

「ロシア人ですって！　何をおっしゃっているのかわかりませんが、陛下」ジャン＝レミは言った。

「よろしい、貴殿に国家機密をお教えしよう。兄の内閣がたった今ロシアとの戦争を決定したばかりなのだ。恐ろしいことだ、恐ろしい。私には成功の見こみはないと思える」

「しかし陛下……」

「いや、貴殿が何を言わんとしているのかはわかっている。『皇帝陛下の天才があらゆる障害に打ち勝つのです！』であろう。誰もがそう言うのだ……。私が間違っていればいいのだが……。時間だけが答えを出してくれるだろう(28)」

ジェロームは間違っていなかった。ロシア遠征というナポレオンの思いきった賭けは翌年惨憺たる結末を迎え、五十万の兵を失って彼の軍隊《グランダルメ》は総退却を余儀なくされた。

一八一四年一月、ロシア、プロイセン、オーストリアの軍隊が東部フランスに侵入し、シャンパーニュに矛先を向けた。プロイセンの兵士たちは、シャンパーニュを手中にしたいという自軍の司令官の熱望を知って、彼のために詩を書いた。

ライン川に急いで橋を架けろ。
俺はシャンパーニュのワインを飲まなきゃならぬ、
今が飲み頃、寝かせたとこから直接いただき、
もうすぐ全部俺のもの(29)

アッティラをはじめとする様々な軍隊の侵入を思い出して、地域全体が恐慌に陥った。住民は食糧を含めて持って行ける物はなんでもひっつかんで山地や森に避難し、村々は空っぽになった。敵軍は手に入る物はすべて略奪しながら、シャンパーニュを縦横に進んだ。「プロイセンの野郎たちは強欲だ！」ナポレオンの将軍のひとりは叫んだ。「奴らが飲むシャンパンの量は信じられん」

一八一〇年にナポレオンはシャロン＝シュル＝マルヌにあるシャンパン会社ジャクソン・エ・フィスのカーヴにいたく感銘を受けて金メダルを与えたが、今回の侵攻でそこにバイエルンの分遣隊が押し入った。しかし彼らはうまく瓶の栓を抜くことができないのに気づいた。シャンパーニュでも飛びぬけて創意工夫の才に富む先駆者アドルフ・ジャクソンがコルクをしっかり留めておく針金の使用実験をしており、ほとんどの瓶をそれで封印していたからだ。いらだったバイエルン兵はあっさり瓶の首を折って、飲める限りのシャンパンをがぶ飲みした(30)。

この時点でナポレオンは、その戦歴の中でも屈指のめざましい戦闘を展開していた。しかしそれは、本隊の退却に際して損害を最小限に食い止めることを狙った後衛戦にすぎなかった。

一八一四年三月十七日、敵軍がすぐ背後に迫るなか、ナポレオンはエペルネに最後の訪問をして、ジャン＝レミが彼のために建てた家で一夜を過ごした。コンソメをすすりながらナポレオンは数分間地図を検討していたが、やがて友人の方を向いて言った、「ふむ、フランスはまだロシアの手に落ちてはいない。だが、万が一私がしくじったら、ひと月経たぬうちに殺されるか、あるいは退位させられるだろう。だから私は今、君が事業を築きあげた見事な手腕と、わが国のワインのために君が海外で成しとげたすべてに対して報いたいと思う」(31)。こう言いながらナポレオンは、自分のレジオン・ドヌール勲章を外してジャン＝レミの胸にとめた。

翌朝、皇帝はパリに向けて発ち、数日後に帝位を退いた。その頃、エペルネとランスは被占領都市になっていた。

莫大な賠償金と破壊的な徴発がシャンパーニュ人に課された。これはかつてナポレオンが征服した国々に課したものに対する報復である。シャンパーニュ中のカーヴが略奪されたが、中でも最悪の被害を受けたのはモエのそれだった。六十万本のシャンパンが、館に宿営しているロシア兵によって空にされた。

しかし、モエは最悪のときでも依然として楽観的だった。彼はフランスの古いことわざを思い出していた——「一度飲んだ者はまた飲むだろう《キ・ア・ビュ・ブワラ》」。ジャン＝レミは確信を持って友人にこう語った。「今日私を破滅させているこの兵士たちが、明日は私の富をつくってくれるよ。連中は生涯シャンパンに病みつきになって、国に帰ったらうちの最高の外交販売員になってくれるさ」(32)

彼は正しかった。シャンパンには敵味方の区別はないことが革命期に証明されていたが、今回もそうだった。フランスが戦ったすべての国の指導者たちが、まもなくシャンパンメーカーのカーヴにぞくぞくとやって来た。ロシア皇帝アレクサンドル、オーストリアのフランツ二世、プロイセン王フリードリヒ・ヴィルヘルム三世、オレンジ公ウィリアム、そしてイギリスのウェリントン公爵。

いちばん人気のあるカーヴはジャン＝レミのところだった。ジャン＝レミはナポレオンの退位とそれに続く流罪が商売にどう響くかを心配していた。ところが、気がつくと彼は、ヨーロッパのあらゆる宮廷にシャンパンを供給する「世界で最も有名なワイン生産者」になっていた。

戦勝国の指導者たちはどうやら帰国を急いではいないようだった。あるシャンパン生産者の語るところによれば、「彼らはシャンパーニュに戻ってきた。本人たちが言うには、戦争で忙しくしていてシャンパンを味わう暇がなかったからだそうだ。泡が立つこの新種のワインに誰もがひどく興味をそそられていた[33]。だから戻ってきたのだ」。

そして彼らは魅せられた。

第三章　黄金時代の頂点で

その昔、旅行者がフランスの田舎町に着くというのはちょっとした事件だった。ホテルの前庭に勢いよく駆け込んでくる馬車の鞭音で客の到着が知らされる。当時は、とロバート・トムズは回想する、「旅人は、『ようこそいらっしゃいました』と勢揃いで出迎えられたものだ」。精一杯めかしこんで満面に笑みを浮かべたホテルの主人夫婦、腕にナプキンを掛けたウェイター、その後ろにはくすくす笑っている女中たち——客が馬車を降りると皆がそこにいた。シェフまで出てきて、白い綿の帽子をとって挨拶した。

だが、アメリカ合衆国の領事官であるトムズの旅はちょっと違っていた。彼は「パリのど真ん中から放り出され」、猛スピードの列車に乗って「あちこちに配送されていく小包みたいな」気分でランスに到着した。

一八六五年のことである。アメリカでは南北戦争が終結に近づいており、トムズは合衆国が輸入しているシャンパンの税金を徴収するためにフランスに派遣されていたのだ。彼の乗った汽車はワイン畑や峡谷を縫って、時速四五キロという当時としてはめざましい速さでシュッポシュッポと走ったが、一五〇キロにおよぶその「猛スピードの」旅には四時間以上を要した。

トムズはリオン・ドール・ホテルの前にそっけなく落とされ、殺風景な玄関ホールで我慢の限界に達する寸前まで待たされた。「ようやくにして真鍮の鎖に部屋番号のプレートが付いた重い鍵を受けとった。それから、はっきりしない二言三言で方向だけを示されて、自分で指定の部屋を探しあてた」(1)

外は晴れているのに、むきだしの床に古ぼけた家具が配された部屋は地下牢のように暗かった。色あせたカーテンを引いてみて、その理由がわかった。狭い通りを隔てて、ランスの大聖堂がのしかかるように聳《そび》えていたのだ。ほとんどすべてのフランス国王の戴冠式が行なわれた場所である。

トムズが衝撃を受けたのは聖堂の巨大さではなく、聖堂のせいで他のすべてのものがいかに小さく見えるかということだった。それは何キロにもわたって町と風景を睥睨《へいげい》しており、毎朝トムズが目を覚ますと、まずそれが視界に飛びこんでくることになった。

「時が経つにつれて我が部屋の陰鬱な雰囲気にも慣れ、お向かいさんの堂々たる存在をはっきりと意識するようになると、自分が包まれているうす暗がりの良さがわかってきて、やがては、この暗がりをどんなに明るい陽光とも取り替える気がしないまでになった」

その礎石が一二一一年に置かれた大聖堂は、たんに一つの宗教的な主張にはとどまらず、シャンパーニュ地方の歴史とそこに住む人々についての黙想でもある。ファサードの複雑なはざま飾りやおびただしい彫像が相つどって、あまりにもみごとな調和と優雅さのきわみに達しており、トムズに「石と化した音楽」(2)を思わせた。

トムズは十八か月に及ぶシャンパーニュ滞在中に、自分の印象を記録して『シャンパーニュ・カントリー』という小さな本を残した。「ランスの旧市街では、どこを歩いても昔の建築の標本が必ず何か目に入ってくる。通りに面したすべての家が屋根の尖った切り妻造りという道も何本かある。そんな道では家の上階からは歩道に向けてアーチが突きだし、道行く人に日除けや雨除けを提供している」

トムズの回想がきわめて興味深いのは、それがまもなく失われていく世界を記述しているためである。彼が愛するようになったランス——商店やカフェが立ち並ぶ狭い混みあった街路、頭上に張りだしたゴシック式の葉飾り彫刻の下を彼がゆるゆると散歩したプロムナード・ド・クール、そして何よりも、壮麗な大聖堂——はそれから半世紀と経たぬうちに、ドイツの爆弾によって潰滅した。

それにしてもトムズにとってランスの第一印象はおよそかんばしいものではなかった。町は鬱陶しく汚らしいと思われた。住民にも良い感じはもてなかった。彼らは「生まれつき商業に不向きだ」とトムズは言う。ドイツ人やイギリス人やアメリカ人とは違って、「フランス人の多くは、色を合わせたり、模様を考案したり、おもちゃを発明したり、こまごましたものを商うことで満足してしまう。確かに小売店の親爺には向いているのだ」。成功しているシャンパン・メーカーはどれもドイツ人が所有するか経営を管理していることにトムズは注目する。フランス人だけでやっていた唯一の会社は倒産してしまった。トムズは「そこはドイツ人がいなかったから失敗したのだと世間では言われている」と書く。

住民の礼儀作法に関しては、彼らが「仰々しく片足を引いてお辞儀したり」また「むやみに帽子を取って挨拶する」のにトムズはいらだっている。「世界中どこを探しても、これほどしょっちゅう帽子を取ったり、お追従《ついしょう》を述べたてる国民はいない。私に言わせれば、それは本物の礼儀の安っぽい代用品でしかない」

トムズが何より驚いたのは、会う人のほとんどが自分たちの外の世界についてあまりに知らなすぎる——少なくとも彼にはそう思えた——という事実だった。「よそのあらゆる国についての彼らの無知は恐るべきものだ。一般のフランス人は『美味し国フランス』を賞讃するのに夢中のあまり、ライバルが存在しうることなど認められないのである」

彼らはまた「大酒飲みで大食漢だ」とトムズは苦情を述べる。彼らが大好きなエスカルゴをむさぼるさまにトムズは怖ぞ気をふるった。「庭をはい回るねばねばしたナメクジやらカタツムリが連中の選りすぐりの珍味なのだ。醜い怪物は殻から這い出ないように、バターと辛いスパイスと小麦粉からなるねっとりとしたペーストで閉じこめられ、煮えたぎった湯の中に放りこまれる。数秒後、引き上げられて食卓に供されると、大食漢たちは美味そうにそれを喰う。専用の二本歯の小さなフォークで殻の渦巻きの中から慎重にカタツムリを引っ張り出し、持ち上げて、その醜い姿を目の前に広げてから、頭をそらし、大きく開けた口に放りこむのである[3]」

最初からこういったことすべてを理解しろというのはトムズにとってあまりに酷な話だった。ランスはアメリカ東海岸のにぎやかな港湾都市とも違うし、開国を迫る使命を帯びたマシュー・ペリー提督に同行してトムズが知ることになった日本の港町とも異なっていた。内陸の町ランスはもっと静かで、外国との交流もなく、ゆったりとしていて、フランス人が好んで言うように、裸でつきあえればずっと快適になる場所だった。

だが、時が経つにつれてトムズは新しい環境によりくつろぎを感じはじめた。大聖堂についてそうだったように、彼は物事を別の角度から見るようになった。そういう観点で見れば、もう薄暗さやわびしさだけではなく、ここには何からち震えるもの、何世紀にもわたって変わらぬ、すべてのものを共鳴させる永遠の相があった。

ユリウス・カエサルを讃えて二七七年にローマ人が建造したポルト・ド・マールと呼ばれる石造りの凱旋門があり、また考古学者が十四世紀の傑出した建築物の一例とみなす音楽家《メゾン・デ・ミュジシアン》の家があった。トムズはこの町の図書館が三万冊の書物と千点の貴重な手稿を蔵しているのを知った。その多くは、フランス革命時に焼かれたランスの各修道院から救い出されたものであった。トムズはまた、世界で『イソップの寓話』が知られているのは、ひとえにそのうちのある修道院の僧たちのおかげであることも知った。図書館の主任司書によれば、サン・レミ修道院の僧たちがオリジナル原稿を発掘し、それを筆写して公に流布させたのである。つまり彼らは『寓話』の最初の出版人であった。不幸にして、僧たちが手がけた最初の写本は、一七九一年に修道院が焼かれたとき、灰燼に帰してしまった。

シャンパーニュの住民についてのトムズの意見も変化した。片足を引いてお辞儀をする浮世ばなれした連中と思えた人たちは、いまや聡明で洗練されたきわめて社交的な人士だということがわかった。人々はまた、「最も献身的な恋人であり、最もやさしい親たちだった」。

ひょっとしたらトムズはそれまで、フランスの古いことわざのせいで勘違いしていただけなのかもしれない。「九十九頭の羊と一人のシャンパーニュ人で百頭になる[4]（あるいは解釈によっては「百人の愚か者になる」）」。このことわざの源は数世紀前にさかのぼる。そのころ毛織物工業はランスの経済の要であった。町に入ってくる羊は百頭ごとに税金が課されていた。これを逃れるために農民たちは一度に九十九頭の羊しか連れてこなくなった。これに怒った市の封建領主はみずから市門の前に立って税を徴集した。羊飼いが九十九頭の羊を連れてやってくるたびに、領主は部下の兵士たちに叫んだ「奴に払わせろ！　羊九十九頭とシャンパーニュ人一人で百頭だ」。

そんなトムズにとりわけ忘れがたい印象を残したのは、町の墓地を訪れた経験だった。「そこでは、エドシック、クリコ、ロデレール、そしてマム（どれも有名なシャンパンメーカーの名）といったなんとも楽しい名前が墓石から私を見つめていた」と彼は語る。「こんな愉快な名前は聞いたことがなかった。どれもが、浮かれ騒ぎや結婚式やお祭りや酒盛りを連想させる。しゃれこうべと血まみれの骨を戴いているにもかかわらずだ。それはまるで、飲み仲間みんなを笑い飛ばしているように思えた。これから先私は、シャンパンの泡立つグラスを上げるたびに、かならずこのランスの墓地を思い浮かべるだろう」

その秋、ひとりのワイン商人が近隣のヴェルズネでのブドウの摘み取りにトムズを誘った。パリからランスへのあの猛スピードの汽車の旅とは違い、こちらは従順な老いぼれ馬に引かせたおんぼろの荷車でゆっくりと進んだ。良い馬はみんな収穫に使われていたからだ。それは九月八日のことで、あとでわかったのだが、その年いちばんの暑い日となった。ワイン商がこの八マイルの旅に自分のところの最高のシャンパンをひと籠持ってきていたので、トムズは大いに救われた。焼けつくような白亜の道を行くあいだ、二人は冷えたシャンパンをすすりながら他愛ないおしゃべりに興じた。ときおりトムズは後ろを振りかえって、ランス大聖堂に畏怖の目を注いだ。ヴェルズネのブドウ園のすぐそばまで来ていたのに、聖堂はまだ目に入るのだった。向こうから絞りたてのブドウ果汁の樽を満載した馬車がやってきた。強い陽ざしをさえぎるために、樽は防水帆布と厚く重ねた緑の葉でおおわれていた。

一八六五年はシャンパーニュのそれまでの歴史の中でもまれに見る豊かな収穫年だった。「春の恵み多い雨のおかげで土はたっぷりと水分を含んでおり」、そのあとは毎日素晴らしい好天が続いた、とトムズは回想している。一八一一年以来ブドウがこれほど美しく熟した年、言いかえれば糖度がこれほど高い年はなかった。「ブドウ栽培とワイン醸造をなりわいとする土地に住んだことがない人間には、豊かな収穫がもたらすはつらつとした幸福感を想像することはむずかしい」とトムズは言う。また、ブドウ栽培者やワイン生産者は「心配性の人種」で、天候の急変を恐れていつもびくびくしている、とも述べている。

だがこの年は天候がもってくれた。ブドウの値段は上がり、業者たちは歓喜した。「まるでみんなが宝くじにでも当たったような気分だった」[5]とトムズは言う。

この驚くべき豊作は、当時フランスで起こっていたすべてのことを要約しているように見えた。それは空前の発展と繁栄の時代だった。オスマン男爵はスラムだらけの老朽化したパリを光の街に変えつつあった。ナポレオン三世の第二帝政の陳列棚として、世界の羨望の的となるべくデザインされた、広い大通《ブールヴァール》りと優雅な建造物を備える壮大な首都。

フランスの産業も同じく上向いていた。その力はいまや、ヨーロッパ大陸の他のすべての国を合わせたよりも強大であった。植民地は倍加し、貿易高は三倍増、蒸気機関の使用量は五倍に増えた。新たに近代化された銀行システムのおかげで、人々は貯蓄預金口座を開き、事業をはじめるための信用貸しを受けられるようになった。「帝政は平和と同義語だ」[6]とナポレオン三世は宣言した。実際にはそれはもっと多くのことを意味していた。

それはヨーロッパが悦に入っている時代だった
フランスは黄金時代の頂点にあり
人間性がよみがえったように見えた[7]。

ウィリアム・ワーズワースがこのように書いたのはフランス革命後の幸福感のただ中においてだが、この文章はむしろこの時代にふさわしかった。人々は金を持っており、新たな活力と昂揚感、つまりはどんなことでもなし得るのだという感覚があった。

シャンパーニュ以上にこの状況が当てはまる場所は他になかった。流れ作業のライン上で瓶がカタカタぶつかる音、コルク詰め機械のドスドスという絶え間ない音、そして貨物用エレベーターがキイキイきしる音。昔ながらの手作業にかわって機械類が作動しはじめると、これらの音が空気を満たした。かつての家内工業が、いまや大ビジネスになりつつあった。

新たな技術革新なしには一日も明けないといっていいほどだった。ジャン＝バティスト・フランソワという薬剤師が糖分測定器《シュクルエノメトル》を発明した。ワインに含まれる糖分の量を測るこの装置は、シャンパンメーカーが発酵をうながすためにどれくらいの糖を使用すべきか測定するのに役立った。ルイ・パストゥールによる酵母菌の発見により、シャンパンメーカーは、それまでは頻繁にシャンパンの瓶を爆発させる不思議な現象としてしかとらえられていなかった反応――発酵の正体を知った。シャロン＝シュル＝マルヌでは、アドルフ・ジャクソンという進取の気性に富むシャンパンづくりが瓶洗浄機を発明した。彼はまた瓶の口にコルクを押しつけておく従来のひもに変わる針金の「口輪」も発明したが、ウィリアム・ドゥーツはコルクと針金の上にかぶせる金属のフォイルを開発してジャクソンの〝上に立った〟。

最も重要な進歩の一つが、シャンパンから澱《おり》を取り除くための「ルミュアージュ（動瓶）」という工程である。沈殿物の除去はドン・ペリニョンの時代からシャンパン生産者を悩ませてきた問題だった。通常は瓶を活発にゆすって澱を瓶の肩の方へ集め、それからできるだけたくさん澱を残すようにして、ワインを静かに別の瓶に注ぎ移していた。残念ながらこの過程で大半の泡が失われてしまうのだ。この難問の解決法をついに発見したのは、ヴーヴ・クリコ＝ポンサルダンのメゾンである。ニコル＝バルブ・クリコ＝

ポンサルダンを知っている者たちにとって、この技術革新は驚くに足りないものだった。

ニコル＝バルブが夫を亡くしたのは一八〇六年のこと、彼女はまだ二十七歳で、三つになる娘を抱えていた。夫とその父親はそれまで、主に銀行業と毛織物の売買を行なうクリコ・エ・フィス（クリコ父子）という会社を経営しており、シャンパンづくりは副業だった。熱病による息子の急死に遭って父のクリコは、一人では商売を続けることができないから会社を閉じると表明する。しかし、嫁のニコル＝バルブはそれを認めなかった。彼女はそれまで会社では何の役割りも果たしていなかったが、義父を説いて自分が社を引き継ぐことを了承させたのである。

彼女が最初にやったのは、社名を「ヴーヴ・クリコ＝ポンサルダン」に変更することだった。「ヴーヴ」とは「未亡人」の意で、当時のフランスではふつうに敬称として使われていた。彼女はまた、会社の将来はひとえにシャンパン生産にかかっていると考えた。そしてその鉄の意志と鋭い経営センスは報われることになる。ニコル＝バルブは、イギリスとアメリカを無視して販路を大陸ヨーロッパに集中させることで、四か月で業績を好転させたのである。彼女は顧客の声にも――とりわけその苦情には――熱心に耳を傾けた。苦情は主に、瓶に残る澱のせいでシャンパンが濁っていることがままあるというものだった。

伝説によれば、身長わずか一メートル五〇センチという小柄なクリコ未亡人は台所のテーブルを持ちあげて地下のカーヴに下ろし、実験を始めたという。そこにはいくらかの真実もあるだろうが、実際に答えを思いついたのは彼女のところのカーヴ主任アントワーヌ・ド・ミュレだというのが、より確かな話だろう。ミュレはテーブルに穴をあけて瓶の首を斜めに差しこめるようにした。それから瓶に定期的なひねりとゆさぶりを加え、最後にはさかさまに立つくらいまで徐々に瓶の傾きを大きくしていくと、ねばねばした澱はコルクの方へ少しずつ動いていく。コルクを抜くと、澱が最初に流れ出し、あとには泡がほとんど

消えないまま、ワインの大部分が残る。そのあと瓶にシャンパンを注ぎたし、もう一度コルクで栓をして出荷に備えるのだ。(8)

ミュレとヴーヴ・クリコは自分たちの方法を秘密にしておこうとしたが、噂はすぐに漏れひろがり、シャンパンづくりは変容し、真の産業に成長していく。

一八六〇年代の終わりには、シャンパーニュ人の大半が、自分たちはほんとうに「黄金時代の頂点に立っている」と信じていた。ある評論家は大げさにこう言い立てた「シャンパンはワインのひとつではない、シャンパンこそがワインなのだ」。フランスの辞書に初めて「シャンパン」という単語が収録された。その定義は「熟練の技で生産されたワイン」だが、「ただのワイン以上の」すぐれたもの、とある。その辞書はこう警告している。シャンパンの「気まぐれな性質は敬意と謙遜をもって扱われなければならない。なぜなら、間違った人の手にかかると、その性質はただの金儲けの手段に堕してしまう危険性があるから」。

ほかの土地のワイン生産者たちも、シャンパンブームに乗ってそれぞれのスパークリングワインをつくろうと試みた。ブルゴーニュではスパークリングのニュイ＝サン＝ジョルジュやモンラシェ、そしてスパークリング・ロマネ＝コンティがつくられた。ボルドーにはスパークリングのソーテルヌがあり、南ローヌでは、あるワインメーカーがスパークリングのシャトーヌフ＝デュ＝パープを生産した。しかし、泡立ちの点はさておき、どれも本物のシャンパンとは似ても似つかなかった。ある批評家は言った、「それらは惨めなパロディである」。

シャンパンは唯一無二のものとなったのだ。これ以後、シャンパンは世界に広がらなければならず、そのためには信頼できる輸送システムを必要とした。

一八六〇年代まで、生産者たちはシャンパンを市場に送り出すのにマルヌ川と不十分な道路網に頼っていた。双方ともにスピードが遅く、信頼できなかった。特に道路はひどくでこぼこで補修もお粗末だから、多くの瓶が目的地に着く前に割れてしまうのだった。

ナポレオン三世のもとでこれらすべてが変わっていく。フランスは、パリのみならず国全体の改造を目標にした大規模な近代化計画に着手するのだが、その要になるのが、包括的な鉄道網の建設である。それは商業と重工業に拍車をかけ、農民にも単なる自給農業を越えたより広い市場向け作物の栽培に目を向けさせるだろう。一八五二年から一八七〇年のあいだにフランスの鉄道網は六倍に増加した。線路は今や、パリから国の隅々まで及び、さらにヨーロッパの大半の地へと伸びた。

シャンパーニュにとってそれは天の賜物だった。新しい市場が手近なものになり、シャンパンの年間販売量は二、三十万本から二千五百万本へと急上昇した。シャンパンメーカーも同じく急増し、世紀の変わり目にはわずか十社しかなかったものが、今や三百社以上を数えるようになった。

汽車の出現、および蒸気機関による機械の出現は、シャンパーニュ地方にとって新時代の到来を告げるものだった。さらに、もうひとつ別の動きも起こりつつあった。

フランスが大陸にまたがる帝国を築きかけていたナポレオン一世の時代からこのかた、シャンパンメーカーは外交販売員の小さな軍団を少しずつ育てていた。彼らはこの産業の斥候であり、売り込みに対してジェイムズ・ボンドのような鋭い嗅覚と驚異的な本能を備えていた。軍団は突進し、挑戦し、必要とあらばまったくの不正も辞さなかった。鉄道が出現するはるか前、大量販売や近代的な宣伝が現われるはるか前から、この男たちは世界を旅し、時には戦場にすらおもむいて、シャンパンの販売を促進してきた。

「ドイツだろうがポーランドだろうがモラヴィア（チェコ東部の地方、当時オーストリア領）だろうが、フランス軍のあるところ必ず、エドシックの、リュイナールの、ジャクソンの、はたまた他のどこかの社の販売員がすぐ後方にひかえていた」。古典的著作『シャンパーニュ――そのワイン・風土・人々』の著者パトリック・フォーブスはそう書いている。一八〇四から一四年にかけてのナポレオン戦争はシャンパンにまたとない販路をもたらした、とフォーブスは言う。「勝ち戦に終わるやいなや、彼らは祝勝会のために意気揚々と商品を運び、征服した領土にすばやく販売組織を確立したものだ(9)」

だがこの男たちは一方ではくつろいで仮装舞踏会の一夜を踊り明かしたり、パリの一流レストランで得意先をもてなしたりもしている。

ある仲買人は語る。「彼らはヴフールで夕食をとるが、暴飲暴食をひどく嫌い、自分たちの製品についてきわめて控えめに語るだけだ。ごくあたりまえのように第一級の文学サロンや有名な遊歩道やオペラ座のロビーに現われ、人々との会話のしめくくりに、非常に巧妙に発泡性シャンパンの効能に言及する。そしてそういう会話の終わりには決まって、ほとんど無邪気といっていい口ぶりで急いでこう付けくわえる。『ああ、あなたに一ケースお送りしましょう、別に何のヒモも付いちゃいませんよ』。そう言いながら彼らは白い手袋を着けてそのボタンをはめ、それから競争馬の話に移ったり、鉱泉の水を飲みはじめたりするのだ(10)」

彼らの仕事は魅力的ではあるが、容易ではなかった、とロバート・トムズは言う。「ワインメーカーの旅行者は頭が良いだけでなく、大胆で、口が達者で、誰彼の見さかいなく旺盛につきあわなければならない。頭痛がするなどと弱音を吐いてはならず、どんな仲間といっしょでもくつろぐことができ、常に話題に事欠かず、瞬時も会話をだれさせず、世界中の誰とでもグラスを合わせられるのだ(11)」

彼らはまた、信じられないくらい創造性に富んでいた。たとえば一八一二年にナポレオン軍がモスクワに進撃していたとき、シャルル＝アンリ・エドシックの頭にあるアイデアがひらめいた。勝利者たちとのお祝いに間に合うように、ナポレオンに先んじてモスクワに着くようにしたらどうだろう？ 戦争のことで頭がいっぱいになっている町で自分を目立たせようというのが彼のもくろみだった。二十一歳のエドシックは素晴らしい雄の白馬を一頭買い求めてランスからモスクワまで長駆三〇〇〇キロを行こうと決心した。彼のモスクワへの入城はセンセーションを巻きおこした。召使い一人とシャンパンの見本を積んだ荷馬一頭だけを従えたエドシックは、彼をひと目見てそのシャンパンを試飲しようとする群衆に取り囲まれた(12)。

エドシックのはなれ業はルイ・ボーヌをいらだたせたに違いない。すでにヴーヴ・クリコの伝説的な販売員だったボーヌは、ロシアを自分の縄張りとみなしていた。皇帝《ツアー》や皇后《ツアリーナ》とは友だちづきあいをしており、ロシア宮廷ときわめて密着していたので、ある時など、ひそかに入手したこんな情報をただちに故国の会社に通報したこともあった。「皇后陛下が御懐妊された。もし皇太子がお生まれになるとすれば、われわれにとって何と喜ばしいことか！ この広大な国にシャンパンの奔流が流れるだろう。このことはランスでは絶対に漏らさないように。われわれの競争相手が知ったら、誰も彼もが北へ殺到したがるだろうから(13)」

もちろん彼らは殺到した。巨大な潜在需要を感じとったモエ、リュイナール、ジャクソン、ロデレールの各社がこぞって販売員をロシアに急派した。

だが一八一二年夏のナポレオンのロシア侵攻はビジネスを困難かつ違法なものにした。ロシア皇帝は軍を指揮して戦いに臨む準備をするいっぽうで、フランスワインを瓶詰めで輸入することを禁ずる政令を発布した。ナポレオンに対する計画的な一撃である。ナポレオンのシャンパン好きとシャンパン産業への支援はよく知られていた。樽詰めで輸送できる発泡性のないワインと違って、シャンパンは瓶詰めでなければ輸出できなかったのだ。

ルイ・ボーヌは禁令の裏をかこうと決意した。彼はまずヴーヴ・クリコをコーヒーの輸入会社として登録し、シャンパンの瓶をコーヒー豆の樽に隠してこっそりロシアに持ちこもうとした。しかしこの策略の限界はすぐに明らかになった。コーヒー豆の樽一つには一本の瓶しか隠せなかったからだ。ボーヌはすぐにもっと大きな計略を練りはじめた。

彼はすでに、イギリスの海上封鎖をひそかにくぐり抜けてシャンパンをオランダやポーランド、ドイツに輸送する仕事では、ちょっとしたエキスパートになっていた。ロシアに対しては、その技術を総動員するだけでは足りず、さらなるものが必要とされるだろう。ナポレオンのロシア遠征は大失敗に終わったが、フランスの敗北の結果、気がつけばシャンパーニュ地方は突然、ロシア軍とその同盟国プロイセンの軍隊に占領されていた。今やボーヌは海上封鎖のすり抜けに気を揉むばかりでなく、ロシア軍とプロイセン軍に気づかれずにシャンパンをランスから運び出す方法を見つけなければならなかった。

幸いなことに、この二つの軍隊は折り合いが悪かった。田園地帯に野営しているプロイセン軍は、ロシア軍がもっと快適なランスの町はずれに陣取っているのを嫉んでいた。そこには多くの偉大なシャンパンのカーヴがあったのだ。プロイセンの司令官は腹立ちまぎれに、わが軍はランスの町に進軍して貢ぎ物を要求し、シャンパンも少しばかりいただくつもりだと宣言した。ロシアの将軍はこう反撃した「自分はこの町では何ひとつ徴発してはならぬと言う皇帝陛下直々の命令を受けている。ランスに軍を進めるという貴下の無礼な威嚇については、こちらにはそれを迎え撃つ多くのコサックがひかえていると申し上げておく」。プロイセン軍は彼らの幕営地にとどまった。

両軍が口論しているあいだに、ボーヌはひそかにオランダの船ゲブレデルス号を雇い、船が停泊しているルーアンに向けて大量のシャンパンを運び出しはじめた。ボーヌの雇い主マダム・クリコは、ロシア軍の注意をそらすためにカーヴを開けて、彼らに好きなだけシャンパンを飲ませた。それは完璧な計略だった。誰もボーヌがやっていることに注意をはらわなかったし、六月初め、彼がゲブレデルス号に無事一万本のシャンパンを積んで出航したのに気づく者もいなかった。船は積荷で溢れかえり、ボーヌの船室にはベッドを置く場所もなかった。それなのに大量の南京虫の居場所はあったと見え、ボーヌが言うには「体長が五センチもあって私の血を半分吸ってしまった(14)」。

ひと月後、首尾よく海上封鎖をくぐり抜けたボーヌとゲブレデルス号は、ロシアとの国境にあるプロイセンのケーニヒスベルクの港に入った。しかしロシア皇帝はまだシャンパンの禁輸令を解除しておらず、ボーヌは待ちきれなくなった。ぜがひでも積み荷を売って帰国したいボーヌは、ケーニヒスベルク中に噂を流した。運んできたシャンパンはすべて売れてしまったが、相応のものを払える人がいれば少しは融通できるかもしれない、と。その結果は暴動に近い騒ぎだった。

「何という光景でしょう」とボーヌはマダム・クリコに宛てて書いている。「あなたがこちらにいてこれを楽しんでくれればいいのにと思います。ケーニヒスベルクのお歴々の三分の二があなたの美味しい飲み物の前にひれ伏しています。誰からも注文を取りません。ただ私のホテルの部屋番号を明かすだけで、部屋の前に列ができます」

驚くにはあたらない。ボーヌが売っていたシャンパンはヴーヴ・クリコのかの有名な一八一一年のヴィンテージ、「キュヴェ・ド・ラ・コメト」。ブドウ栽培者たちに言わせれば、「恩恵をもたらすハレー彗星《コメト》の通過によって」祝福された特別なシャンパンである。

「それは比類ないものです」とボーヌはマダム・クリコへの第二信で声を大にしている。「すばらしく美味な、本物の刺客です。その正体を知りたい人間は誰でも自分を椅子に縛りつけておかねばなりません。そうしないと、気がつけばテーブルの下でパンくずといっしょに転がっているかもしれませんから！」

ヴーヴ・クリコは有頂天だった。八月にロシア皇帝が禁輸令を解くと、彼女はふたたびシャンパンを積んだ船をサンクト・ペテルスブルグに送り出した。結果は同じだった。

一連の企てが非常な成功を見たおかげで、ヴーヴ・クリコのメゾンは中央ヨーロッパの市場から手を引き、ロシアへのほとんど独占的なシャンパン輸出に集中できるようになった。雇い主から手厚く報われたボーヌは、生まれ故郷のドイツで一軒のヴィラを買って快適な隠退生活に入った。

その後の数年間でロシアのシャンパン需要は大きくふくれあがり、イギリスに次ぐ第二のシャンパン消費国となる。大手シャンパンメーカーのほとんどが、その市場の一部を自分たちに譲るよう要求した。

だが、一八五〇年代に入ると、シャンパンの販売員たちは不安をつのらせていった。ヨーロッパは、老いと沈滞を感じはじめていた。もはや挑戦もなく、新しい開拓地もなかった。

彼らが西に目を向けるまでは。

シャンパーニュ人にとってアメリカは壮大な手つかずの大陸だった。ジョージ・ワシントンの時代（ワシントンは一七八三に大統領就任）から、いやアメリカ独立戦争以前から、少量のシャンパンがアメリカに送られてはいたが、大半の生産者が合衆国をビジネスには危険な地と見なしていた。そこは遠いし、洗練されておらず、「野蛮なインディアン」が住む土地と思われていた。

シャルル＝カミーユ・エドシックは別の見方をしていた。聡明で、大胆で、華麗な一族（白馬でモスクワに乗りこんだのは彼の父親である）の中でもとりわけ派手な性格のシャルルは、三十歳になる直前に「シャルル・エドシック」なるシャンパンメーカーを設立した。そして今、アメリカで名をなそうと彼は考えた。

エドシックは一八五二年にボストンに着いた。シャンパンメーカーの社長で合衆国を訪れたのは彼が最初である。ボストンは彼には「ひどく清教徒的」だと思えたが、この国の活力には感銘を受けた。この思いはシラキュース、バッファロー、そしてナイアガラの滝と、内陸に向かうに連れてどんどん強くなった。ニューヨークに到着するころにはエドシックの熱狂は天井知らずになっていた。妻に宛てた手紙で彼は大いに強調している、「ここはまさしくチャンスの国だ」。彼は現地ですぐさま代理人を雇い、帰国するや合衆国に向けて大量のシャンパンを出荷する手配を整えた。

注文は殺到した。アメリカ人は彼のシャンパンをいくら飲んでも飽き足りないように見えた。エドシックはまるで金鉱を掘り当てたようなものだった。五年後、エドシックはふたたびニューヨークに出向いたが、今度は藁で編まれた二万個の籠《パニエ》もいっしょだった。一籠には十五本ずつのシャンパンが詰められていたのである。

エドシックは、凱旋した英雄のように歓迎された。彼に敬意を表して何回ものレセプションが開かれ、彼の写真はあらゆる新聞に掲載された。エドシックは二メートル近い長身で、あごと口に洒落たひげをたくわえ、大きな濃い色の目はいつもやさしく笑っているように見えた。ある新聞は、「われらがチャーリーが帰ってきた」と大見出しを掲げた。すぐにみんなが彼を「シャンパン・チャーリー」と呼ぶようになった。[15]

次の出張では、エドシックはビジネスと気晴らしを兼ねるつもりでやってきた。さらに大量のシャンパンを運んできただけでなく、最新型のピストルと狩猟用ライフルも何挺か持ってきたのだ。パリ最高の銃工が鍛えた名器である。「われわれが見たこともないような完璧な銃器の標本」と、ある新聞は書き立てた。「それは美と力の奇蹟だ」。新聞はさらに、エドシックはシャンパンと同じくらい銃についてもくわしく、フランスきっての射撃の名手であると書いた。[16]

ピストルを携えたシャンパン業界の大立て者の姿はアメリカ人の好奇心をくすぐった、とある作家は書いたが、エドシック自身もその事実を故国への手紙に記している。「ここのところ私はニューヨークの最重要人物だ。どこへ行くにもジャーナリストがぞろぞろとあとをついてくる」。エドシックは、同時代のどのシャンパン販売員よりも宣伝の重要性を理解していた。「時にわずらわしくはあるが、私が騒がれれば騒がれるほど、うちのシャンパンを売るのが楽になるだろう」と彼は言う。「ニューヨーク・イラストレイティッド・ニューズ」紙は、メトロポリタン・ホテルで開かれる社交シーズン最初の舞踏会について報じる際に、エドシックが来賓の一人になるだろうと強調した。引きつづいて「ハーパーズ・ウィークリー」誌は、「ムッシュ・チャールズ・ハイドシックはまもなくバッファロー狩りのため西へ向かうだろう」と報道した。記事には小粋な身なりのエドシックがライフルを手にポーズを取った写真が添えられていた。

それからの九か月間、エドシックはあらゆる場所を、アメリカが提供するあらゆる交通手段を使って旅して回った。ニューヨーク州を駅馬車で横断し、ミシシッピーを外輪付きの蒸気船でさかのぼり、オハイオ、テキサス、ミズーリの各州を馬と鉄道で行った。「窓の外を飛び去るあらゆるものを見ようと誰もが一生懸命だ」エドシックは語っている。原生林、川岸でひなたぼっこするワニ、空を行くアオサギや野性の七面鳥、フランス最大級のカシの木に匹敵するマグノリアの巨木。「すべてがあまりに美しい。自然は実に多彩で晴れやかだが同時にすごく荒々しく、すばらしく甘美でありながらきわめて威圧的だ。そんなわけで他のことなどほとんど頭に浮かばない」エドシックは手紙に書いている。

さらに西へ進んだエドシックは荒野に新しい入植地が拓かれつつあるのを見た。またカウボーイたちの牛の駆り集めにも参加し、特に焼き印を押す作業には「大いに興奮した」と回想している。「焼きごてがあてられ、皮がジュッと焦げて、牛は苦痛と怒りの叫びを上げた」

その日の終わり、「燃え立つ地平線に陽が沈む」とき、「私たちは信じがたいほど純粋な雰囲気にひたっていた」。その夜は「そよとの風もなく、空は暖かく澄みわたり、満天の星が輝いていた」。

しかし、この国にはまた、醜い面もあった。初めて南部を訪れたとき、そこではエドシックには理解しがたいことが展開していた。「綿畑は老若男女のニグロたちで埋めつくされている」彼は語る。「彼らは幸せに見える。なんでもないことで笑いだしたり、突然歌いだすこともしょっちゅうだ。何不自由なく、多くの白人農民よりも快適に暮らしている。彼らが鞭打たれる回数は実生活よりも小説の中のほうがずっと多いと思う」

だが、奴隷市場を訪れたとき、彼の意見は百八十度変化した。「一人の買い手がやってくる。彼は安い農園労働者と、御者か召使いを求めていた。黒人の男が立ち上がり、買い手は彼の口を開けさせる。その歯を調べ、腕と脚にさわり、歩かせたり飛び上がらせたりする。買い手と売り手のあいだでひと言かわされた以外は、すべてが無言のうちに行なわれた」。エドシックにはこれらすべてが非人間的だと感じられ、人間が商品として扱われることがありうるという事実にぞっとした。彼は一人のコックが千ドルで、子守女が七五〇ドルで売られるのを見ていたが、この間ずっと、自分の感情を隠し、冷静でいようとつとめた。「だが私が目撃したことは、私の心をつかみかけていた民族の言葉とは違っていた」

奴隷制度の問題はしだいに大きな不和を生みはじめていた。奴隷解放論者たちが制度の廃止を要求するいっぽう、南部諸州は合衆国から脱退すると脅していた。一八六一年四月十二日、エドマンド・ラフィンというヴァージニア州の男がサムター砦に向けてライフルの引金を引いた。それが南北戦争開始の銃声だった。

ランスでこのニュースを聞いたエドシックは動揺した。いまや彼の資産の半分はアメリカに固定され、さらに数千本のシャンパンの代金がまだ未回収だった。エドシックは争うようにして合衆国行きのいちばん早い船に乗った。

ボストンの光景は、これまでの旅行で彼を迎えたものとは著しい対照をなしていた。街は連邦軍（北軍）の国旗で飾られ、いたるところに兵士がいて、彼らの行進に連れて大歓声が辺り一帯の空気を切り裂き、震わせた。エドシックはまっすぐニューヨークに向かい、ただちに代理人と連絡をとった。支払いをするつもりはないという代理人の言葉を聞いてエドシックは愕然とした。新たに制定された法律が債務者の責任を免除しているから、払う必要はないというのだ。その法律には、すでに購入した綿の支払いを北部部人に差し控えさせて南部の歳入をおさえようという意図があった。不幸にして、ほとんどあらゆる人間がこの機に乗じて支払い義務のあるすべての請求を拒否しようとした。エドシックは代理人の道義心に訴えたが、相手はそれを無視した。

エドシックは大変な窮地におちいった。金が入らなくては自身の債務が払えない。彼は決心した。南へ、ニューオーリンズへ行き、そこに納入したシャンパンの代金を直接集金するしか解決策はない。

それは危険で、消耗する旅だった。戦争のせいで、目的地に向かうのにいくつかの州をジグザグに横断していかなければならなかった。オハイオ、イリノイ、ミズーリ、そしてカンザス。乗った汽車がルイジアナで脱線したときには危うく死をまぬかれた。やっとのことでニューオーリンズに着いたが、そこには金を持っている人間は誰もいなかった。彼らが持っているのは綿だけだ。倉庫に積みかさねられた綿の山また山。北軍の海上封鎖のために南部からの綿の供給が止まっているヨーロッパでなら、ひと財産になる。エドシックは、いちかばちかシャンパンの支払いを綿で受けようと決意した。問題はそれをどうやって国外に持ちだすかだ。アラバマ州モービルの港がまだ封鎖されていないのを知ったエドシックは、綿をそこへ運んで二隻の船を雇った。

だが時間が尽きようとしていた。一八六二年初頭には北軍が迫りつつあり、海上封鎖は日一日と厳しくなっていた。「荷を積み終わりしだい出航してくれ」とエドシックは二人の船長に告げた。さらに彼は、どちらか一隻でも脱出できればと願って、二隻に別々の航路を取るよう命じた。

数日後、エドシックの望みは打ち砕かれた。いっぽうの船が砲撃を受けて沈没、積み荷はすべて失われた。二隻目についての知らせはなかったが、不安にさいなまれたエドシックにはただ一つのことしか考えられなかった。一刻も早く国に帰り、事業の立て直しを図るのだ。だがこの時点——一八六二年四月——で、北上する道は完全に閉ざされている。エドシックはニューオーリンズに戻って船をつかまえ、メキシコかキューバへ向かおうと決心した。そこからヨーロッパ行きの船に乗れるだろう。

一隻の外輪汽船がニューオーリンズへの航行を試みようとしていると聞いて。エドシックは自分をバーテンダーとして乗船させてくれるよう船長を説得した。さらに彼は、ニューオーリンズのフランス領事に外交嚢をひとつ運んでくれというモービルの同役の頼みを引き受けた。

五月一日、蒸気船ディック・キーズ号はモービル湾に滑り出て西を目ざした。ビラクシー（ミシシッピー州南東部のメキシコ湾に臨む都市）を過ぎ、北の海軍の目を避けるためにミシシッピー川の岸に沿って進んだ。

四日後、ニューオーリンズの街が見えてきて、全員が安堵のため息をもらした。彼らがモービルを出航する前日に街が北軍の手におちたことなど知るよしもなかった。まだ誰ひとり上陸しないうちに、兵士たちが船に乗りこんできて捜索をはじめた。エドシックが携えてきた外交嚢は押収され、開けられた。中に政府の緊急文書だけでなく、フランスの織物工場から南軍への制服供給の申出書が入っているのを見たエドシックはわが目を疑った。弁明を試みたが、指揮官のベンジャミン・F・バトラー将軍はそれをさえぎって兵士にエドシックの逮捕を命じた。

エドシックはスパイ容疑でジャクソン要塞に放り込まれた。ミシシッピー・デルタの狭い沼沢地に立つ監獄で、これまでここを脱走できた者はいないと噂されていた。かつては「シャンパン・チャーリー」ともてはやされた魅力あふれる男が、ハエの群がる泥まみれの監房で呻吟しているころ、家族や友人たちはナポレオン三世に手紙を書き、エドシックを釈放するよう合衆国政府に圧力をかけてほしいと懇願していた。「野獣」とあだ名されたバトラー将軍は激怒した。「フランスだか皇帝だか知らんが、くそ食らえだ」彼は言った。「誰にもなめた真似はさせんぞ。エドシックはフランスのスパイに間違いない。縛り首にしてやる」

バトラーはエドシックへの面会を許可しなかったが、ようやくフランス領事の訪問に同意した。外交官はエドシックに、釈放に向けてできる限りの手を尽くしたが、「最悪の事態を覚悟するように」と告げた。そしてそれだけではなかった。領事はもうひとつ悪いニュースをもってきた。エドシックの二隻目の船が航行中に拿捕《だほ》され、積み荷の綿は焼かれてしまったのである。

暑さと湿気と不潔な環境のせいで、監獄では日々犠牲者が出た。黄熱病が多くの囚人の命を奪ったが、死者のなかにはエドシックの同房の男もいた。さらには、この監獄の自然の看守ともいえるワニ《アリゲーター》がいて、川の水かさが増すとすかさず浮かび上がってきて、遮蔽物のない監房の窓から這いこもうとする。囚人たちはその大きく開いた口に石を投げ込んで撃退した。

エドシックがひそかに出すことに成功した二通の手紙のうちのひとつで、彼は妻にこう書いている「あと八日で、もう三か月この監獄で過ごしたことになる。環境は言いようのないほどひどいが、私は絶対にあきらめないぞ」。

エドシックのための運動が功を奏するには一八六二年の十一月十六日まで待たなければならなかった。いわゆる「エドシック事件」に関心を持っていたエイブラハム・リンカン大統領の指示で、陸軍長官がエドシック釈放を命じたのである。門が開かれたとき、エドシックは半死半生の状態だった。あまりにやせ衰えていたので、ごく親しい友人でさえそれと見分けられなかったほどだ。

回復にはまるまるひと冬かかり、翌春になってエドシックはようやく故国の土を踏んだ。彼はすっかり意気消沈していた。会社は倒産し、妻は債務を支払うために財産を処分しはじめていた。

そしてそこに、奇蹟が起こった。

ある寒い冬の夜、エドシックのドアがノックされた。彼がドアを開けると、使いの者がメモを渡した。近くの村にいる家族のもとを訪ねて来た年老いた宣教師が、すぐにエドシックに会いたいというのだ。時間は遅かったが、エドシックは馬で深い雪の中を出発した。

ようやく司祭が滞在している家に着いたエドシックは、ひと包みの紙束と一枚の地図を手渡された。「これはあなたのものです」老人は言った。包みをほどくと、コロラドの土地に関する証書が山ほど出てきた。すべてエドシックの名義で作成されたものだ。司祭の説明によると、例のニューヨークの代理人の兄が、弟がエドシックの支払い要求を拒絶したことを恥じているという。彼は弟が払うべき金の幾分かでも肩代わりしたいと思って、それ用に払い下げの土地に杭を打って区画していた。

エドシックはなんと言っていいかわからなかった。だが宣教師が地図を開いてその区画の土地をさし示したとき、今度こそ唖然として口がきけなかった。その土地はデンヴァーの街の三分の一を占めていた。そこが最初に杭打ちされたときはかろうじて三百人の住人しかいないちっぽけな村だったところが、いまや西部でも有数の広さと豊かさを誇る街区になっていた。証書は莫大な資産価値をもっていたのだ。

エドシックはその土地を売り、その金で借財をすべて精算した。わずか数か月でシャルル・エドシックのメゾンは再起した。


それはロバート・トムズが最後の送り状に判を押し、帰国の準備をしているのとほぼ同時期だった。十八か月におよぶフランス滞在中に、彼は幸運にもかなり良質なシャンパンをいろいろ味わうことができた。かつてニューヨークのユニオン・クラブで友人たちと飲んだ甘ったるいシャンパンとは異なり、ランスで出されたそれは上品でずっと辛口だった。彼はたちまち心を打たれた。「一杯のシャンパンをワインとして楽しんだのは私の人生で初めてのことだ」と彼は言っている。「かつてよくやっていたように、つかのまの泡立ちを逃さず早いとこ浮かれたいと、グラスをぐいと傾けて中身をごくっと飲み干すかわりに、いま私は、ゆっくりと一滴一滴、味覚を満足させながらワインを舌の上に落とした。もてなしてくれた主人は私の満ちたりた表情を見てこう言った。『こういうワインはアメリカでは手に入りませんよ』。そしていたずらっぽくウィンクして付けくわえた『われわれは自分と友人たちのためにこれをとってあるんです[17]』」

トムズはシャンパン生産者たちに、考えを改めてもっと外国の消費者の味覚に敏感になるように忠告した。いまやシャンパン生産量の八〇パーセントを消費しているのは外国人なのだから。帰国に際しての覚え書きの中でトムズは、生産者たちが「がぶ飲みする大衆」に迎合していること、すべてのシャンパンをまるで「同じ桶で醸造した」かのような味にしていることを非難している。彼はまた個別的な批判も加えている。エドシックのシャンパンは「もはや、うるさがたの味覚を満足させない」と彼は言う。「おだやかですっきりして」はいるが、「肥えた舌には甘すぎる」。ロデレールは「加糖している」し、モエ・エ・シャンドンは「大量生産品」でヨーロッパの目利きには評価されていない。

トムズの最も棘のある批評はヴーヴ・クリコのためにとってあった。曰く「甘みでむせそうだ」。他のメゾンと違って「クリコ未亡人のところは味覚の変化に合わせて味を変えたりは絶対にしない。アメリカのクリコは、ロシアその他のクリコと同じだ」。トムズはこう警告する「クリコのワインはその名声と意欲をほぼ失いつつある。現代の飲み手の厳しい味覚に適応できなければ、遠からず時代遅れになるだろう[18]」。

しかし、彼の警告はヴーヴ・クリコのメゾンにさしたる影響を与えなかった。クリコは相変わらずその主要マーケットであるロシアの甘党の舌に迎合しつづけていた。クリコがより辛口のシャンパンに転換するのは何年もあとのことだ。

いっぽうこの間に、はるかに重大な問題が忍びよっていた。十九世紀のすべての輝かしい達成――技術と産業の大躍進、輸送網の拡大、パリの近代都市への変貌――にもかかわらず、ルイ＝ナポレオンの第二帝政はすでに翳りを見せていた。経済は低迷し、収賄や縁故採用がはびこり、政治不安が増大していた。皇帝にほぼ絶対的な権力を付与した一八五二年の憲法を多くの人が嫌悪していた。彼らは皇帝の無謀な軍事的冒険――ベルギーとルクセンブルグの併合、メキシコにフランス軍を派遣して中央アメリカに衛星帝国を設立しようとする試み――を非難した。

ナポレオン三世も伯父の先例にならって、国の安寧よりもボナパルト一族への忠誠を優先して選んだ大臣や役人でまわりを固めた。この忠誠を確保するため、皇帝は彼らに法外な贈り物をし（彼のお気に入りの将軍は四〇〇〇ドル分のチョコレートを受け取った）、巨額の賄賂を贈った。国庫から何百万もかすめとり、家族と愛人に金が集まる秘密口座をつくった。フランスの一政体が二十年以上続くことはめったにないのを念頭に置いて、皇帝は自分用にさらに七五〇〇万ドルをロンドンの投資銀行に預けていた。

ある種の不安、いやもっと悪い恐怖が、国中に広がりはじめた。それはロバート・トムズが泊まっているランスのホテルでも感じられた。ふだんそこでは、人々はのんきにどんな話題でも取りあげておしゃべりしている。「だが政治については何も耳にしない」トムズは言う。「ルイ・ナポレオンはみんなの唇にシーッときつく指をあてていた。あえて『自由・平等・博愛』を口にしたり、『ラ・マルセイエーズ』の一節を口ずさもうとする者は誰もいなかった」

それにしても一八六七年、トムズがニューヨークへ、そして南北戦争による荒廃からようやく立ちなおりかけている祖国へと船出したとき、彼には想像もできなかったろう。わずか三年後、こんどは自分がいまあとにしている国のほうが戦争に突入し、彼の最愛のシャンパンがまともにその矢面に立つなどとは。

第四章　すべての輝くもの

午前九時をまわる直前に、最初の郵便がポメリー・エ・グレノに届いた。次の配達は十一時で、そのあとは昼食後に一回。そして一日が終わる前に少なくともさらにもう一回あるはずだ。ナポレオン三世の第二帝政下では、郵便《ラ・ポスト》はすべての人の主要な伝達手段だった。それはきわめて速く、信頼でき、パリで朝出された手紙はその日の午後にはランスに着いた。会社も個人も日に数回の配達を受けられた(1)。

だがそれにしても、ルイーズ・ポメリーのシャンパンメゾンに届く郵便物の量は圧倒的だった。そのせいで彼女はいつも朝五時に起きるのだ。それから四時間のあいだデスクについてペンをとり、できるだけたくさんの手紙にみずから返事をしたためる。

顧客からの注文もあれば、世界中にいる代理人や家族、友人からの手紙もある。「あたたかいお便り、ほんとうにありがとう」と、ある病気の友人は書いてきた。「あなたのお手紙を読むのはすごく楽しみです」。だがうれしい手紙ばかりではない。ロンドンのある顧客は、受け取ったシャンパンの何本かは飲むに耐えなかったと書いてきた。別の客は瓶のコルクの具合が悪いと苦情を言ってきた。「すぐにこれらを返品するつもりです」この客は書いている、「そもそもこんなものは送られてくるべきではなかったのです。こういうひどい仕事はあなたの名前を傷つけます」。そしてロンドンのエージェントからの次のような知らせもあった。「キュナード汽船にワインを納めているバイヤーと接触したばかりです。この汽船会社の豪華な浮かぶ宮殿は、アメリカやヨーロッパのあらゆる有名人を運んでいます。あなたの一八六八年を何本か送っていただけますか。少しでも辛口なシャンパンはアメリカ人のお気に召しませんから」

しかし、最近彼女に届く手紙には、フランスとプロイセンとあいだに高まる緊張について触れたものが多かった。あるベルギーのワイン商はこう尋ねている、「もし戦争が勃発したら、アントワープにあなたの所のシャンパンを大量に収蔵できる倉庫を建てることをお考えになりませんか？」

一八七〇年の春には、まさに戦争が起こりそうな気配だった。両国の指導者が戦争を招来させようとしていると言ってもいいくらいだった。国民の注意を内政の破たんから是が非でも逸らしたいナポレオン三世は、プロイセン軍国主義の危険を声高にののしっていた。オットー・フォン・ビスマルクは、フランスとの戦争を、ドイツの半独立的な各州のプロイセン主導による統一の手段とみなしており、自国の不幸の大半はフランスの責任だと責めていた。彼は過去二世紀のあいだにフランスが三十回もドイツを侵略したことを折にふれ国民に思い出させた。

新たな戦争はシャンパン生産者にとって財政的に支えかねるものだった。彼らは一八六六年のオーストリア＝プロイセン戦争と、ついこの前のアメリカ南北戦争の痛手からようやく立ち直ったばかりだったのだ。二つの戦争は当事国の経済を荒廃させ、無数の会社が倒産、その結果シャンパン生産者のもとには未払い手形の山が残された。新たな戦争の可能性はルイーズ・ポメリーの経理部長にとって特に大きな悩みの種だった。「私たちの国が大変な惨禍を招きかねない不必要な戦闘に引きこまれるのを見るのは実に腹立たしいことです」彼は書いてきた。「あの馬鹿げたメキシコ出兵を憶えていますか？」彼が言っているのはかの地に帝国を築こうとしたナポレオン三世の試みのことである。「いつになったら私たちはこんなことからおさらばできるのでしょうか?」

武器音《おと》が迫るにつれ、友人たちはルイーズに、二人の子どもを連れてシニーにある彼女の別荘に疎開するようしきりに勧めた。シニーは森とブドウ畑に囲まれたモンターニュ・ド・ランスの小さな村である。「あそこならずっと安全だし、バラ作りもあなたの慰めになりますよ」ルイーズの花への情熱を知っているある人はそう言った。だが彼女のロンドンの代理人アントワーヌ・ユビネは、完全にフランスを離れるよう忠告した。「もしあなたがこちらにいらっしゃるなら、喜んで拙宅をお使いいただきます」と彼は書いてきた。

もしフランスとプロイセンが戦いに突入したら、シャンパーニュが主戦場になることはルイーズにはわかっていたが、それでも疎開は問題外だと答えた。事業を続けなければならないし、自分を頼りにしている従業員たちもいる。それに、学校や孤児院やもろもろの芸術など、彼女が支援している数多くの慈善活動もあった。

しかし、いまルイーズがいちばん気にかけているのは、大きな建築計画だった。それは彼女自身の言によれば、ポメリー・エ・グレノを「世界で最も美しい企業」に変えるものであった。

ここまでの道のりは平坦なものではなかった。十年前にルイーズが急死した夫から事業を相続したとき、会社は悪戦苦闘していた。この仕事で積極的な役割を担うよう彼女を励ましたのは、夫の共同経営者ナルシス・グレノだったが、ほどなくルイーズの経営手腕に感嘆したグレノは、彼女に社の全指揮権を委譲した。

その当時もワインを多少作ってはいたが、ポメリー・エ・グレノの主要事業はシャンパンではなく毛織物の売買であった。ルイーズはまず、毛織物事業を売却してシャンパン生産に集中する決定を下した。

数年後彼女は、ランスの町はずれのかつてゴミ捨て場だった広い土地を購入し、新たなシャンパン生産基地の建設に着手して皆を驚かせた。事務所をはじめとする建物は彼女が憧れているイギリスの壮大なカントリーハウスを模して設計された。だが何十万本もの瓶を収める地下のカーヴこそ、最高の見ものとなるはずだった。カーヴのために一八キロメートルにおよぶ石灰岩が掘削された。ルイーズはさらに、その壁にシャンパンを寿ぐ巨大な浅浮き彫り《バ・レリーフ》を製作するよう彫刻家に依頼した。図柄はバッカス神と五感の寓意、さらには古き時代にシャンパンを楽しむ人々を生き生きと描く図像もあった。ルイーズは芸術とシャンパンは互いを「高めあう」と信じており、それを示そうと決意したのだ。

ルイーズも含めてほとんどのシャンパーニュ人は、一八四八年にナポレオン三世が大統領に選出されたときに彼を支持した。ナポレオン三世によるフランス産業の近代化と鉄道網の拡張はシャンパーニュに大きな恩恵をもたらしていた。しかし彼がみずから皇帝位を宣したあと、ルイーズたちは考えなおしはじめた。あまりに多くのスキャンダルがあり、政府の腐敗を告発する声があった。さる二月、パリの謝肉祭の舞踏会で、ナポレオン三世は衆目のなか千鳥足になっていた。阿片のせいで目はうつろになり、ろれつがまわらない。参列者の一人によれば、皇帝は「酔っぱらった将校やカンカンを踊る娼婦たちに囲まれていた」。宴会は「明け方に終わり。みんながシャンパンの空き瓶の山のなかで酔いつぶれていた」。

七月十九日、ルイーズは彼女を含めてほとんどすべての人が恐れ、また予期していたニュースを聞いた。ナポレオン三世がプロイセンに宣戦を布告したのだ。

事態を危機に陥れたのはささいな外交的軋轢だった。スペインがブルボン家出身の女王（フランスのルイ十四世の子孫）を退位させ、かわってプロイセン王ヴィルヘルム一世の甥を王位に据えようとした。フランスが抗議するとヴィルヘルムは引き下がったが、一族の誰かにその王位を継承させる権利を留保した。ここでビスマルクが干渉しなければ事態は収拾していたことだろう。「ガリアの牡牛（ナポレオン三世を指す）を挑発するための赤い布」を探し求めていた宰相はヴィルヘルムの返信を横取りし、王がフランスを侮辱したようにとれる文章に改竄《かいざん》した(2)。

ナポレオンはビスマルクが望んだとおりの反応を示した。宣戦を布告し、仏独国境に軍を急派したのだ。パリの駅頭では群衆が「ドイツの阿呆をやっつけろ」と合唱し、出征する部隊にワインの瓶を差しだした。しかしながらシャンパーニュでは、反応は控えめだった。ルイーズ・ポメリーは職人たちにシャンパン工場の建設を中止するよう命じ、かわってシャンパンを壁で塗りこめはじめた。「ドイツ人はフランス人を憎んでいるが、そのワインは愛している」という古い格言を承知している他の生産者たちも、同じように自分たちのシャンパンを隠しはじめた。

ナポレオン三世の宣戦布告から二週間後、数万の補充兵を後方に従えた三十二万のプロイセン軍が国境を越えて押しよせ、アルザス＝ロレーヌを侵略し、現在地を地図上で確認できないほどの速さで勝利を重ねていった。唯一その進撃をもたつかせたのが「おぞましいシャンパーニュ」だった。気温が急激に下がり、どしゃ降りの雨が白亜質の地面を灰色の汚泥に変えてしまったのを見て、あるプロイセンの将校がここをそう呼んだのだ。軍靴に固くへばりつき、中へ染みこんでくる泥濘のせいで兵士たちの一歩一歩がまさに死の苦しみとなった。補給用の馬車は水びたしの地面に車軸まで埋まり、馬は引き綱を引こうとむなしくもがいた。

ブドウ畑でも事態は同じくひどいものだった。だがそこには、何か奇妙なもの、いや不気味と言ってもいいものがあった。いまは一年でいちばん暑く、乾いた季節のはずなのだ。ところが栽培者たちはぶ厚い服を着こんで泥の中をうろうろ歩き回り、ブドウの木は無慈悲な大雨に打たれている。みんなの頭を去らないのは、天候はプロイセンの侵攻が始まったとほぼ同時に変化したという事実だ。またしてもブドウ栽培者たちは、古い伝説はあやまたないと言った。神は戦争の始まりを告げるために凶作をもたらすのだ。

今度の戦い、普仏戦争はこの世紀で最も血なまぐさいものになるだろう。新兵器は人をこれまでより速く、簡単に殺す。フランス軍はミトライウーズという世界最初の機関銃を備えていた。彼らはこれに「コーヒー豆挽き」というあだ名をつけていたが、敵軍は「地獄の機械」と呼んだ。確かに恐ろしい武器ではあったが、プロイセンの長距離砲には太刀打ちすべくもなかった。それにしても双方の武器による大きな損害は、戦闘慣れした最強の兵士ですら怖じ気をふるうほどであった。「無意味な殺戮だ」。プロイセンの一軍曹はある戦闘のあとでこう振りかえった。「そこらじゅうに死体が山積みになっていたが。ひどく損なわれていないものはひとつとしてなかった。俺はきれいな騎兵の長靴が一足地面に転がっているのを見つけて拾いあげたが、中にはまだ脚が入っていたよ(3)」。別の目撃者は、殺戮があまりにすさまじかったせいで、その戦闘でのプロイセンの勝利さえ血まみれの敗北のように見えたと語っている。

フランス軍の前進と反撃の試みがことごとく阻止されたあと、ナポレオン三世はあらゆる忠告に逆らって、みずからフランス北東部のベルギー国境に近いセダンに赴き、直接指揮を執ると表明した。ドイツ軍は自分たちの幸運が信じられなかった。セダンは断崖に取りかこまれているため、彼らはただ大砲を崖の上に運びあげさえすればよかった。フランス軍は移動も撤退もできず、ナポレオンとその十万の兵士は殲滅《せんめつ》されるだろう。「奴らをねずみ取りにかけたようなものだ」あるプロイセンの将校は上機嫌で語った。ナポレオンの将軍のひとりはもっとあからさまにこう言った、「ここではわれわれはおまるの中にいて、上から糞をされるのを待っている(4)」

九月一日、ビスマルクの巨砲が火ぶたを切り、「いまだかつてフランス兵が目にしたこともない砲火の輪」を広げたと、ある歴史家は書いている。「この狭い場所でこの日一日だけでプロイセン軍の二万発の砲弾が炸裂し、全フランス兵の魂を引き裂いた(5)」

翌朝、臣下に囲まれ、ナポレオン三世は涙にくれながらヴィルヘルム国王に降伏した。フランス兵の死傷者および捕虜の総数は三万八千人であった。

だが戦争は終わってはいなかった。ナポレオンは退位したが、パリでは新たに国防政府が権力を掌握し、アルザス＝ロレーヌの割譲とフランスによる全戦費の支払いというビスマルクの要求を退けた。あらためてプロイセンの宰相は、新政府を屈服させるためにフランスの首都に矛先を向けた。ビスマルクとその兵士たちにとってうれしいことに、進軍はまずシャンパーニュの中心部を通ってまっすぐにランスへ入る道筋をとった。セダンからランスまでの距離は七五キロしかなかったが、それは誰にとっても——アメリカのフィリップ・シェリダン将軍も含めて——忘れがたい行進となった。南北戦争にも従軍したシェリダンはユリシーズ・S・グラント大統領の命を受け、オブザーバーとしてヨーロッパに派遣されていたが、彼が目撃した光景は想像を絶していた。「ほとんど道全体がシャンパンの瓶の破片で覆われていた。それは兵士たちが空にして打ち砕いたものだ」彼は語っている。「道路は文字どおりガラスで舗装されていた。一滴あまさず飲みほされたワインはとてつもない量にのぼったにちがいない」

セダンでの勝利から三日後にドイツ軍はランスに到着し、ビスマルクはそこで、ヴィルヘルム王に敬意を表して戦勝記念晩餐会を開くと発表した。会場に選ばれたトー宮殿は、格別それにふさわしい場所だった。そこには、ゲルマン民族の指導者であり、九世紀にフランスおよび西ヨーロッパのほぼ全土の皇帝となったシャルルマーニュの護符が収蔵されていたのである。晩餐会の夜には、二つに割られた二個の巨大な樽に氷が満たされ、数百本のシャンパンが冷やされた。客のひとりによれば、出席者全員が「長く、たっぷりと飲んだ」。

翌日プロイセン軍は仕事に取りかかり、全シャンパーニュを占領下に置くと宣言した。一般の公共建築物だけでなく、家も学校も教会も、三万の軍隊に住居を提供するために接収された。

自分の家が新しい軍政府長官、ホーエンローエ大公によって接収されるという通報を受けたとき、マダム・ポメリーはまだシャンパンを壁の中に隠す作業を続けていた。(6) ホーエンローエが到着する前に道具や壁土の残骸をかたづけることができないので、ルイーズは長官がそれをたんに新しい設備の建設の一部だと思ってくれるよう願った。

しかし、ホーエンローエは騙されなかった。家に落ち着くとすぐ、彼はルイーズを執務室に召喚した。「あなたのところのような有名なシャンパンは、保管に充分な通気が必要なのはわかっている」。ホーエンローエは自分の言うことを相手の頭に浸透させるように言葉を切った。それから、ルイーズが答えるまもなく付けくわえた、「心配はご無用。あなたのシャンパンには手を触れさせないと約束する」。彼は他の生産者たちにも同様の確約を与えた。

ホーエンローエはさらに、収穫の邪魔にならないようブドウ畑から離れよと部隊に命じた。大方のプロイセン人と同じく、彼も占領をできるかぎり平穏に乗りきりたいと願っていたのだ。ひょっとしたら、ドイツ人が好んで口にしたように「フランスにおける神のような生活を」つかのま楽しみたいとすら思っていたかもしれない。すばらしい歴史的建築物やワインと料理に基礎を置く豊かな文化を誇るフランスは、ほとんどのドイツ人にとって「腐ったようなプロイセン」とは著しい対照をなしていた。

しばらくのあいだ、すべては円滑にいった。そのあと誰かが、カフェの前に立っている一人の兵隊を狙撃した。撃った人間は判明しなかったが、プロイセン側は見せしめが必要だと考え、カフェの主人に罰金代わりのシャンパン二百五十本を課した。

このあともさらにプロイセン兵に対する攻撃が続き、たいていの家が少なくとも一挺は猟銃を備えていると気づいたホーエンローエは、すべての民間人に銃器の引き渡しを命じた。銃が没収されて、はじめてホーエンローエはくつろぐことができた。

その後まもなく、長官はある重要人物が占領状況を査察するためにランスに向かっているという知らせを受けた。その男、アルフレート・フォン・ヴァルダーゼー伯爵はフランスのプロイセン大使館付き武官で、スパイとしての功績はつとに伝説となっていた。四年前のオーストリアとの戦争のさなか、彼は画家を装って当時オーストリア支配下にあったプラハ周辺の全防御網をスケッチしてまわることに成功した。もっと最近では、ナポレオン三世の副官の愛人の閨房にまんまと潜りこんだこともある。彼自身はそれを軍事機密を探るためと称してはいたが。

ホーエンローエはこの華やかなヴァルダーゼーに好印象をもってもらおうと、マダム・ポメリーのところへ昼食に招いた。全員がテーブルにつくと、長官は、全住民の銃の没収により、自分がいかにうまく最近の不祥事を収拾させたかを誇らしげに語った。「これでもう武装した民間人はおりません」彼は言った。「私の布告はくまなく行きわたりました」

マダム・ポメリーがすばやくくちをはさんだ。「閣下、ほんとうはまだ武器を持っているものがおります」。そう言いながら彼女はポケットから小型のリボルバーを取りだした。「私はこれを手放すつもりはありません」

二人の男は仰天した。

「マダム、長官邸ですぞ!」ホーエンローエは思わずそう言った。

「閣下、ここは私の家であることをお忘れなく。私はまだ家族の武器も隠してあります。もしかしたら閣下はお捜しになりたいかもしれませんわね」(銃は床下に隠してあった)

衝撃のあまり沈黙が一座を支配したが、やがてヴァルダーゼーが口を開いた。「武器をお持ちいただいていてけっこうですよ、マダム。われわれプロイセン人はご婦人方の武器を取りあげたりはしません、ご婦人方がわれわれの武装を解除するのです」

マダム・ポメリーの爆弾発言は不愉快な事実を明るみに出した——占領はうまくいっていないのだ。夜間外出禁止令、恣意的な課税、そして武装兵の駐留は、一般住民のあいだに深いいきどおりを生み出していた。シャンパンメゾンの多くをラインラント出身のドイツ人が所有したり運営したりしているという事実も助けにはならなかった。彼らのほとんどが帰化してフランス市民となっており、自分たちが「野蛮人」と見なしているプロイセンの「いとこたち」への軽蔑を隠そうとしなかったからだ。

必然的にプロイセン兵への攻撃が増大した。大半は民間人とフランク人狙撃兵《フラン=ティルル》として知られる軍を離脱した兵士が徒党を組んで行なったものだ。彼らは一種のゲリラ戦を展開し、輸送隊の待ちぶせや橋の爆破、鉄道線路の破壊など、敵の生活に損害を与えるためにやれることはすべてやった。

プロイセン軍は力で対抗した。反逆者は即座に処刑され、彼らを支援した村は焼かれた。一人の若者が銃殺隊による処刑のためにランスに連行されてきたとき、ルイーズ・ポメリーはホーエンローエの執務室に駆けこんで命乞いをした。彼女のひたむきさと雄弁に動かされた長官は若者を投獄するにとどめた。

数週間後、フランク人狙撃兵を補充し、フランス政府のためにスパイ活動を行なった容疑で三人の医者が逮捕された。大規模な反乱を恐れたホーエンローエは三人に死刑を宣告した。ルイーズはこれを聞いてふるえあがった。彼らは親しい友人だったから、ルイーズは取りなしをせずにはいられなかった。厳寒の冬にはいった今、医師たちがいかに土地の人々にとって重要な存在であるかをルイーズはホーエンローエに力説した。ホーエンローエは、慈悲は状況を悪化させるだけだと言って死刑判決の取り下げを拒絶した。だがルイーズはどうしてもひき下がらなかった。とうとうホーエンローエが、三人は拘留しておくという条件で譲歩したが、それでもルイーズは不満だった。

マダム・ポメリーを知る人は彼女を、場合によってはきわめて強い説得力を発揮する傑物だと語っている。またある友人は「男が拒みにくいと感じる女」だと評する。彼女は小柄で黒髪の可愛い女性だった。彼女のどの写真にも、カメラのほうを穴の開くように見つめる女が映っている。まるで写真を見る人間が何を言おうとしているのか興味津津であるかのように。どの写真でも肖像画でも、ルイーズは優雅に装っている。一見よそよそしいが、ほほえむ寸前のようなその表情。彼女の取り巻きの男たちは未婚で、おそろしく献身的だった。

ホーエンローエ公も他の男たち同様、ルイーズの魅力に弱かった。その日ルイーズが彼の部屋を出て行く前に、軍政府長官は医師たちを放免せよという命令を下した。

一八七〇年も終わりに近づくころには、フランス全土が――とりわけシャンパーニュが――意気消沈しているように見えた。冬は記憶にないほど寒く、いたるところにプロイセン兵がいた。どこのシャンパンにも手を触れてはならぬというホーエンローエの命令にもかかわらず、部隊は手に入れられるものはなんでも勝手に押収した。事態をさらに悪くしたのが経済の事実上の休止である。鉄道の損壊とプロイセン軍による統制のせいでシャンパンの販売は五〇パーセント以下に落ちこんでいた。これらの要因によって、生産者がシャンパンを市場に出すことが、不可能とは言わないまでも困難になっていたのだ。「いくらかでもこちらへ送っていただく方法はないでしょうか?」と、アントワーヌ・ユビネがロンドンから懇願してきた。「ベルギーでもオランダでも、なんならティンブクトゥ（アフリカ西部のニジェール川近くの町で、中世の通商の中心地。もちろんシャンパンの倉庫などない）でもいいから、おたくの倉庫のあるところからなんとか送れませんか? こちらの人たちはいくらでもよろこんで払います」

占領下に入ってからまだ四か月だが、もっと長く続いているように感じられた。クリスマスの直前、ルイーズはユビネからまた手紙を受けとった。「われわれの国にとって今がたいへん辛い時だというのはわかっています」彼は書いていた、「それでも心からクリスマスのお祝いを申し上げます。そして新年がもっと良い年でありますように。あなたが自信を持ちつづけ、希望を失うことのないよう、励ましの言葉をお送りします」。

パリでも同じような気持ちをこめた言葉が人々のあいだで交わされていた。「良いお年を《ボナネ》」の代わりに「がんばって《ボン・クラージュ》」。ビスマルクは首都を包囲し、事実上これを封鎖して、フランス政府が降伏しなければ砲撃を開始すると警告した。二百万のパリ市民にとって状況は絶望的だった。食糧は尽きかけ、人々は家具を燃やして暖をとった。毎週三千人から四千人が寒さと飢えで死に瀕していた。

こういう過酷な状況に直面して、パリ有数のレストラン「カフェ・ヴォワザン」の店主ジョルジュ・ブラクサックは、何かクリスマスのご馳走を出すためにできるだけのことをするのが自分の務めだと思った。彼は誰もが忘れられないようなクリスマスメニューを組み立てることにした。

「包囲九十九日記念」と見出しの付いたメニューは以下のようなものだった――象のコンソメ、熊のあばら肉、詰め物をしたロバの頭、そしてカンガルーのマリネ。すべての材料は、パリの飢えた住民に食料を提供するために政府命令で畜殺された動物園の動物だ。だがメイン・ディッシュだけはよそから来たものだった。「ル・シャ・フランケ・ド・ラ」――猫肉の鼠添え。

サン・トノレ通り二六一番地のヴォワザンの酒倉には幸い充分な貯えがあり、このときに選ばれたのは、料理に劣らずなかなかに注目に値するものだった。一八四六年のシャトー・ムートン・ロトシルト、一八五八年のロマネ・コンティ、一八六一年のグラン・ヴァン・ド・ラトゥール、そして一八六四年のシャトー・パルメが含まれ、さらには一八二七年のポルトまでそろっていた。[7]

しかし、きら星のごとく居並ぶそれらに混じって、ひときわ明るい輝きを放つものがあった。ボランジェのシャンパンである。

年明けから三日経って、ビスマルクの我慢も限界に達した。砲弾や焼夷弾が雪嵐のように街に降りそそぎ、学校、教会、病院、アパルトマン、鉄道駅を直撃した。絶体絶命の政府が最後の望みをかけた救援の要請を――熱気球を使って――発したのは、まさにその鉄道駅――オルレアン駅からだった。

このアイデアは、ジュール・ヴェルヌという若い小説家に示唆されたものだった。ヴェルヌはほんの数年前、最初の本『気球に乗って五週間』を刊行していた。空中旅行への情熱をヴェルヌと分かちあったのが写真家のフェリクス・ナダールであり、実際に政府に気球計画を勧めたのは彼だった。二人によれば、汽車はもう動いておらずパリはよそと切り離されているのだから、この包囲された街の駅を気球製作所およびその発着所に転用してもよいのではないかというのだ。それは戦争中ずっとフランスを悩ませてきた重要問題――互いにどう連絡しあうか――を解決する助けとなるだろう。電信線が切断されてしまったため、ある土地で起きていることをよその土地ではまったく知らないというのが実情だった。伝書鳩も使われたが、運べるものが限定されるし、雄鳩はよく雌鳩に「気を惹かれて」目的地に到達しないことがあるので、あまり信頼はできなかった。

かくして、政府は気球を試してみることを決定した。初回はビスマルクが街を包囲しはじめた十月に飛ばされた。大半は無人だったが、一台が国務大臣レオン・ガンベッタを二三〇キロ南のツールに運んだ。そこにいたほうが戦争の指揮を執りやすいとガンベッタは考えたのだ。(8)

一月九日の早朝、作業員たちは「デュケーヌ侯爵号」と命名された第五五号気球の離陸準備にかかっていた。目的地はボルドー。ツールが危険になったあと、ガンベッタの政府代表団がそこに逃げていたのだ。気球には、パリの窮状とプロイセンの包囲を破るための計画を暗号で略述した軍事文書が積まれていた。午前三時、「侯爵」は闇の中に浮かび上がり、漂いながら消えていった……間違った方角へ。南西に行くはずが、北東に飛んでいったのだ。

二時間後、ポメリー・エ・グレノのブドウ畑にいた農夫たちがふと見上げると、頭上をデュケーヌ侯爵号がふわふわと漂っていた。ほかの気球にもまま起こったことだが、すっかり針路を外れてしまったのだ(ツールに向かったものがノルウェーに着いたこともあった)。ゆっくりとブドウ畑に降りてきた「侯爵」に農夫たちが駆けよった。気球の積み荷を発見するにはほんの数秒しかかからなかった。プロイセンの巡視兵が彼らに目をとめる前に、農夫たちは重要書類をブドウ摘み用の籠に隠し、その上にシャンパンの空き瓶を山のように積んだ。そのあと書類はマダム・ポメリーのところに運ばれた。結局ルイーズは知り合いの郵便局員の助けを借りて書類をうまくボルドーに送り出した。

だがそれも大勢に影響はなかったようだ。パリの包囲は耐えがたいものになっており、いまやビスマルクは、もし政府が降伏しないなら、現在プロイセンが支配している十四の県ばかりでなくフランス全土(全部で八十九県あった)を占領すると警告していた。軍が壊滅状態になり、大量の脱走者に悩んでいた政府高官たちはついに屈服し、一月二十六日に発効する休戦協定に署名した。ビスマルクとプロイセンに望むものすべてを与える和平条約が締結されるまでにはさらに四か月待たねばならないが、事実上戦争は終わった。

しかし、平和はたやすく手に入れられるものではなかった。ビスマルクはフランス政府が条約の各条項を遵守することを確認するため、一種の保険としてプロイセン軍をこの国に駐留させると表明した。その条約とは、アルザス゠ロレーヌの割譲、賠償金五〇億フラン(現在の額にして一五〇億ドル)の支払いである。三六〇億ドルという膨大な戦費もあいまって、フランスはほとんど破産状態となった。

シャンパーニュはとりわけ窮状に陥っていた。占領の矢面に立たされていただけでなく、商売も沈滞していたのだ。輸送機関はいまだに復旧せず、ブドウの実は摘まれぬままに腐り、二百五十万本以上のシャンパンが略奪されていた。

この惨状にもかかわらず、ルイーズ・ポメリーは、いまこそ自分がこのメゾンを引き継いだ日からもくろんでいたあることを試すときだと考えた——辛口のシャンパンをつくるのだ。他のシャンパンメーカーもそれを考えないではなかったが、コストとリスクの両面から断念していた。辛口のシャンパン、いわゆるブリュットをつくるには、より金がかかり、また技術的にも難しかった。それは単にシロップや砂糖の量を減らすという問題ではない。より良いブドウ、より完熟したブドウを使わなければならないのだ。それはシャンパーニュのような北方の涼しい気候を考えると、危ういものがあった。辛口のシャンパンはまた、より長く——一年ではなく三年は——熟成させる必要がある。つまりは資本とカーヴの貴重なスペースを寝かせておかなければならないのだ。だがいちばん大きなリスクは、たいていの人が甘いシャンパンしか知らず、そしてそれをこんなにも好んでいるという事実だ。もし辛口のシャンパンが手にはいるなら、客はそちらのほうを愛飲するかもしれないという徴候はあった。だがその徴候はフランスではなく、ポメリーの主要な市場であるイギリスからやってきたものだった。

早くも一八四八年に、バーンズというイギリス商人が辛口シャンパンに関心を持たせようと顧客に働きかけたことがあった。イギリスにはデザートといっしょに飲むポルトやマデイラやシェリーといった甘口のワインが多すぎるので、客は何か別のもの、つまり甘くなくて食事中飲み続けられるワインを試してみたいのではないかとバーンズは考えた。

バーンズがいささか驚いたことに、フランスのシャンパンメーカーは、評判を損ない従来の顧客を失うのを恐れて、この考えに抵抗したのである。バーンズがルイ・ロデレールに加糖していないシャンパンの試作を依頼すると、ロデレールはにべもなく断った。「私の目の黒いうちは、わがカーヴで辛口の邪神に頭を下げるつもりはない」彼は言った。ロデレールはロシアに甘口のシャンパンを売って名を上げていたのだ。だが一つだけ彼が口にしなかったことがある。多くのシャンパンメーカーが、未熟なブドウを使用するせいで起こる酸味過多といったワインの欠陥を隠すために、シロップや砂糖に頼っているという事実である。

結局バーンズは、数人の小規模生産者を説得して自分の欲しい製品を作らせた。ただし、彼らの名をラベルに載せないという条件付きで。バーンズはロンドンに帰ってそのシャンパンを上流紳士の集うクラブにもっていった。紳士たちはそれを鼻であしらった。バーンズはもう一度別のグループに試してみた。今度はもっとうまくいった。辛口を試飲した人たちはそれを気に入ったのだ。まもなくイギリスのワイン商たちは、シャンパン生産者に少し辛口のシャンパンも混ぜて出荷してほしいと依頼するようになった。

バーンズ同様、マダム・ポメリーも一八六〇年代に初めて辛口シャンパンの試作を始めたときはうまくいかなかった。顧客の中には色と透明度に不満を述べる者がいた。それは茶色っぽくて不透明だったのだ。別の客は味が生硬だと言った。ルイーズがロンドンの代理人に試供品を送ると、ユビネはそれをはねつけ、「優雅で繊細なシャンパンによってあなたが勝ちえた名声を台なしにする」危険を冒していると警告した。それでも彼はその試みを続けるようルイーズを激励した。イギリス人の好みは変わりはじめているから、これから先辛口シャンパンの需要は増えていくだろうと言って。

戦争が始まった一八七〇年にはすべてがいったん棚上げになったが、終戦とともにルイーズは試作を再開した——だが結局、従業員たちの多くがこれに懐疑的だということがわかっただけだった。メゾンでの試飲でひとりの従業員は、このシャンパンは「かみそりの刃みたいな飲み心地だ」と評し、もうひとりは、これには歯ぎしりさせられると言った。最大の懐疑論者はポメリーの経理部長アンリ・ヴァニエだった。彼はみんなに「辛口のシャンパンをつくるのはオムレツをつくるようにはいかんぞ。時間も金もずっとかかるし、うちのこれまでのシャンパンを喜んでくれているお得意さんをなくす危険もある。大きいメーカーが辛口をつくらないのはそのせいだ」と釘をさした。

しかしすでにルイーズの腹は決まっていた。計画は進めるのだ。そもそも彼女が新しいシャンパン醸造所を建てたのもそのためだ。彼女の目標は、よそと異なる特別なものをつくることだった。

まずはブドウ栽培者たちに会って、ある条件の下で彼らのブドウをすべて買い上げたいと告げるところから始まった。その条件とは、彼女が命じた時点でブドウを摘むこと。常に気候の急変を恐れている栽培者は、往々にして実が熟す前に摘んでしまう。ルイーズは、自分の言うとおりにしてくれるなら、彼らが損をした分は補償すると約束した。

戦後の三年間は期待はずれだった。悪天候が続き、ルイーズは理想的とは言えないブドウを使わざるをえず、出来上がったシャンパンは酸っぱくて緑色をしていた。「この悪い年のやつは売りこみを控えてください」とルイーズは販売員たちに言った。「でも良い年が来たら、自信を持ってお客のドアをがんがんノックしてください。そのときこそ私たちが市場を支配するのですから」

ルイーズが買い手のドアを吹き飛ばしたのは一八七四年——この世紀最高のヴィンテージと称される年だ。彼女のつくったシャンパンは非常に良質で、その高い価格に値するものだったので、イギリスのある詩人は頌歌《オード》を寄せて敬意を表した。『オールド・ラング・ザイン（蛍の光）』の節で歌えるように作詞された、題して『ポメリー一八七四年への頌歌』は次のように始まる。「人の朋とワインの仲で、古き知己は忘らるべきや？」六番目のそして最後の節は以下の通り。

しからば、ポメリー七四よさらば！
うやうやしきひとすすりもて
われらは別れ
かくのごときワインふたたび唇を過ぎることなきを悲しむ(9)

辛口シャンパンに手を出すと「おそろしく厄介」なことになるだろうと警告していたルイーズのところの頑固な老経理部長ヴァニエですら、兜《かぶと》を脱いだ。今や彼は顧客にこう語る、「うちの辛口《ブリュット》は上質の発泡ワインの良さがわかる方々だけを相手にしているのです。そういう方々は、いくつかのメゾンがワインのこくのなさを隠すために使っている過度の炭酸ガスや砂糖よりも、微妙な風味《フィネス》と香り《ブーケ》をお好みですから。コルクがポンと抜けるとき、うちのシャンパンはただ耳だけでなく、舌を満足させることでしょう」。

ルイーズの「ブリュット'74」は初めて商業ベースで売られた本物の辛口シャンパンである。それは小さな会社だったポメリー・エ・グレノを業界屈指の大メゾンに変えただけでなく、この産業全体を変質させた。

みずからの幸運を祝うために、ルイーズ・ポメリーは祝日を設定した。毎年自分の誕生日である三月十八日に、全従業員に休みを与えたのだ。お返しにいつも彼らはルイーズのお気に入りの花、バラを贈った。

一八九〇年三月十六日の午後遅く、毎年の祝日が一日前倒しになるという知らせが伝えられた。ルイーズ・ポメリーは死の床にあったが、彼女のいちばんの気がかりは従業員たちのことだった。自分が誕生日まで生きられないとしても、従業員たちの休みをふいにしたくはなかったのだ。「どうか今年はバラを贈らないで」彼女は言った。「私のお棺を飾るのにとっておいて」

二日後、七十一歳の誕生日にルイーズはこの世を去った。

フランスはそれまで女性のために国葬を営んだことはなかったが、この葬儀はそれに近いものだった。手向けの花に埋もれたルイーズの柩が自宅から大聖堂に向かうとき、フランス政府の代表もまじえた二千人もの人々が狭いランスの通りを進んだ。葬列は何百人もの学童たちに先導された。子どもたち全員が、家族や友人、顧客、そしてこれまで彼女の高潔な人格に感銘を受けた人々から贈られた花を手にしていた。あとに続くルイーズの子どもたちと四百人の従業員は腕に喪章を巻いていた。ルイーズの家から大聖堂まではほんの数ブロックしかなかったが、混雑した通りを抜けて葬列が到着するのに二時間以上が費やされた。

葬儀のあいだ、ルイーズのシャンパン業界への貢献だけでなく、彼女がさまざまな慈善事業のために行なったすべての活動が偲ばれた。さらにまた、ルイーズはフランス屈指の名画、ジャン＝フランソワ・ミレーの『落ち穂ひろい』を守ったことでも賞讃された。その絵が外国人に売られそうになったとき、ルイーズはそれを買ってルーヴルに寄付したのである。

フランス大統領も個人的な献げ物をした。ルイーズのバラ好きを偲んで、彼女の最愛のバラ園がある別荘の所在地シニーをシニー＝レ＝ローズと名称変更する法令を発したのだ。

しかし故人への最も感動的な賛辞はランス市長からのものだった。市長のアンリ・アンロ博士は悲しみのあまり弔辞を締めくくることができないほどであった。「この卓越した女性がいなかったら、私は今日ここにいることはないでしょう」と彼は語った。アンロ博士はプロイセンとの戦争中にルイーズが命を救った三人の医師のひとりだった。

三年後、もうひとつの葬儀が、こちらはパリでとり行なわれた。通行人は足を止め、あらゆる方向から優雅な馬車がやって来るのを目にした。馬車が玉石舗装の通りをゆっくりと進んで、マドレーヌ教会の近くで止まると、乗客たちが降り立った。婦人たちは黒い絹のガウンをまとい、男たちは黒っぽいスーツの袖に喪章を巻いていた。お仕着せを着た使用人が会葬者を中へ案内し、ビロード張りの椅子に着かせると、四人のかつぎ手によって桜材の棺が運ばれ、部屋の中央に静かに置かれた。かつぎ手は後ろに下がり、故人の親しい友人たちが棺の方へ進み出てそのふたを開けた。

現われたのはなんと、氷の上に寝かされた何ダースものシャンパン！

もちろんそれでいいのだ。葬儀が行なわれた場所は、魅力あふれる良き時代の代名詞である「マキシム」なのだから。会葬者のひとりによれば、実はこの葬儀は「あまりに若くして世を去ったが、そのシャンパンへの愛がよく知られているある友人」のためのパーティーだという(10)。

これこそまさにベル・エポックというものだ。どんなことでもパーティーを開く口実になり、シャンパンを飲む理由になる。それはすべてがきらきら輝いていた時代である。人々、会話、インテリア、そしてとりわけ、ワイン。日々の暮らしは開けっぴろげだった。みんなが他人に見られるために外に出かけていく。もてなされるために、愉快にすごすために。シャンパンは彼らの変わらぬ友だった。

マキシムは有名な会合場所であり、ある人はここを「シャンパンの聖堂」と呼んだが、社交場はここに限らず、シャンパンはいたるところで溢れた。パーティーで、競馬場で、トルコ風呂で、そしてとりわけカビネ・パルティキュリエ、つまり男たちが愛人をもてなすレストランの個室で。そこでは食事よりも飲むほうが主だったのかもしれないと言われている。コート・ダジュールでは、皇帝《ツァー》の食事係のロシア人が、ある宴会で各テーブルの真ん中をシャンパンの湖に変えて客をあっと言わせた。泡の立つその湖面には、氷の彫刻の白鳥が浮かんでいた。

シャンパンの流行はフランスに限ったことではなかった。ジャズミュージシャンのジェリー・ロール・

モートンは、ニューオーリンズの売春宿で飲みかけのシャンパンの瓶をかき集め、自分で「混ぜ合わせて新品を一本つくって」有名になったと語っている。(11)イギリスでは、皇太子《プリンス・オブ・ウエールズ》が、狩猟の会に際して常に小姓にシャンパンの瓶を詰めこんだバスケットを持たせていた。(12)アフリカですら、現地人ポーターのキャラバンが、喉を渇かしたイギリス軍将校にシャンパンのケースを運んでいた。(13)「文明世界で、シャンパンという言葉を聞いて目を輝かせ頬をゆるめない者がいるだろうか?」あるシャンパン愛好家はつくづくそう語る。(14)

たしかにシャンパン生産者たちには頬をゆるめる理由があった。価格は空前の高値を示し、ブドウ畑の世話をする農夫でさえ金づかいが荒くなるほどだった。「まるで黄金の雨が降るようだよ」と、ある栽培者は言った。(15)

一八七八年から一九〇〇年にかけての三度の万国博覧会は、世界中の観客をパリに引きよせた。万博——そこではシャンパンがナイアガラの滝のようにあふれた——は楽観主義《オプティミズム》の高揚に拍車をかけた。その高揚は、一八八九年のエッフェル塔の建設や、その後の最高に刺激的な十年間、いわゆる「華麗なる九〇年代」という形をとって現われる。(16)

毎日が何か新しいものをもたらしてくれるように見えた。馬なしの馬車がシャンゼリゼ大通りを走り回りはじめた。パリには最初の電話ボックスが出現し、地下鉄が開通した。マリー・キュリーがラジウムを発見し、ルイ・パストゥールが狂犬病のワクチンを開発した。

一八七一年の踏みにじられたフランスを考えると、そもそもこういった事象が起きたことさえ驚異である。普仏戦争終了時には、フランス人の多くがこの国の復興には三十年から五十年はかかるだろうと憂慮していた。しかし、フランスは立ち直るどころか、大躍進をとげたのである。それは主として、第二帝政期に発展したこの国の近代的産業システムと広範囲な鉄道網のおかげだった。

これはフランスが未曾有の豊かさと多様性を誇った時代である。シャンパンは瞬間の大切さを確認する合い言葉となった——子どもの誕生、結婚、進水式、級友との邂逅。小説でも詩でも芝居でも、シャンパンという言葉が出てこないものは珍しいくらいだった。アレクサンドル・デュマは、「ペンに霊感を与えるために」常にシャンパングラスをインク壺の傍らに置いていると語った。プーシキンはシャンパンを「神に祝福されたワイン」と評した。ラドヤド・キプリングは「教区牧師の伯母さんがまだ一度も酒類に手を出したことがないとしたら、彼女がいつシャンパンを発見するか用心しなさい」と警告した。

十九世紀の終わりには、シャンパンは国民性の一部として不動の位置を占めるようになった。「それはわれわれに似ている。それはわれわれのイメージの中でつくられる」作家のアドルフ・ブリッソンは言った。「それはわれわれの精神のように泡立ち、われわれの言語のように小気味よい。きらめき、おしゃべりし、たえまなく動いている」

一八八一年の国民議会で、一見つまらない法律のように思える「ビラ貼り」法案が可決された。これはポスター類を壁に貼ることを許可するものだ。印刷技術の進歩と考え合わせたとき、この法律の効果は革命的なものであった。それは近代広告の誕生を告げるものだったのである。リトグラフによる最初の大型ポスターは、フランス＝シャンパーニュという今はもう存在しない小さなシャンパンメーカーが制作を依頼したものだ。画家のピエール・ボナールがデザインしたそのポスターには、襟ぐりの深い細身のドレスを身にまとった美女がシャンパングラスを手にしている姿が描かれていた。グラスからは小さな泡が川のようにあふれ出している。このポスターは大変な評判を呼び、アンリ・トゥールーズ＝ロートレックはこれに刺激を受けてポスター制作に手を染めるようになった。彼の何枚かのポスターには、開店したてのムーラン・ルージュでのシャンパンの図が描かれている。

シャンパーニュの人たちもみな、広告という楽隊車《バンドワゴン》に飛び乗りたがっていたが、ひとりの男が一歩先んじた。「私はあらゆるものの表面に自分の名前を刻印できる」。ウジェーヌ・メルシエはそう宣言し、実際にそうした。ポスターばかりでなく扇、コルク抜き、アイスバケツ、口紅の筒、そして最も注目すべきは気球の胴体。

二十歳の若さでみずからのシャンパンメゾンを起こしたメルシエは、底なしのエネルギーと（彼曰く「私はぐっすり眠る」）尽きざる創造力の持ち主だった。一八八九年の万博では、二十四頭の白い牡牛に世界最大の樽を引かせて会場に現われ、センセーションを巻きおこした。この樽は製作に十六年を要し、瓶二十万本のシャンパンがつまっていた。樽があまりに大きいので、エペルネからパリに運ぶのに道を広げたり、沿道の家々を買い上げて壊したりと大騒ぎだった。

十一年後に次の万博がやってきたとき、あらゆるシャンパン生産者は、広告の重要性、つまりは自社の名前を知らしめる手段を講ずる重要性にはっきり気づいていた。有名建築家の設計した巨大なシャンパン宮が建てられたが、多くのメーカーが独自のパビリオンを設営して、五千万人におよぶ入場者のうちからできるだけ多くの人を誘い込み、自社のシャンパンを味わわせようと――そして買わせようと――つとめた。競争は激烈だった。市町村の長二万二千人もが集まるものもある各種大晩餐会に自社のシャンパンを採用してもらおうと、皆が競い合った。

しかし、またしても他に抜きんでる方策を見つけたのはメルシエだった。今回はパリ東端のヴァンセンヌ城近くに繫留した熱気球が使われた。気球は十二人の客を乗せられるもので、吊り籠にしつらえたバーでシャンパンと軽食を楽しんでもらいながら、空からパリを眺めさせようという趣向だった。メルシエの狙いは、彼のシャンパンがいかに軽く優雅なものかを実証することにあったが、ただひとつ彼が予測できなかったものがある。天候だ。

一九〇〇年の万博も終わりに近づいた十一月十四日のこと、猛烈な風が気球を繋留施設からもぎとり、驚く乗客を乗せたまま北東の方向へ運び去った。はじめのうちは誰もさほど心配してはいなかった。気球がパリから一三〇キロのエペルネ上空を過ぎるときには、人々がおおぜい家から飛び出してきてシャンパンのグラスをかかげて挨拶を贈った。

だが夕暮れが迫ると、風はますます強くなってきた。乗客たちは重りを外に出して高度を下げようとしたが、結果は数本の木を折り、何軒かの家の屋根を打ちこわしただけだった。「助けて、助けてー」と彼らは叫んだが、地上の人たちはただ酒に酔った乗客がわめいているとしか思わなかった。

十六時間後、アルデンヌの森のベルギー側に入ったところで、気球はようやく木の上に降下し、震える乗客たちがはい出した。まもなくベルギー憲兵が現場に到着した。気球の中に何本ものシャンパンの瓶を発見した彼らは、この国への「不法なシャンパン持ち込み」の廉《かど》でメルシエに罰金を科した。

メルシエはこの上なくご満悦だった。事件のニュースがあっという間に世界中に伝わったからだ。「これまででいちばん金のかからない広告だよ」彼は言った。(17)

しかし、ほんとうに重要なのは気球でもなければポスターでもなく、シャンパンの魔法を大衆の意識に刻印しようともくろんだ者たちの創意工夫の才なのである。シャンパン・チャーリーやルイ・ボーヌのような人たちがさまざまなやり方で先鞭をつけ、ベル・エポックの人々がそれを受け継いだのだ。

そのひとりがモエ・エ・シャンドンのニューヨークの代理人ジョルジュ・ケスラーである。当時のモエは現在と同じく最大のシャンパンメーカーだったが、そのアメリカでの市場占有率はマムにはるかに遅れ

1

1　発泡性のシャンパンを描いた初めての絵画、ジャン=フランソワ・ド・トロワの《カキの昼食》。現在はシャンティーイのコンデ美術館蔵。

2　シャンパンの父、ドン・ペリニョン。
3　ドン・ペリニョンが生活し、働いたオーヴィレールの修道院。

2

3

4

4　カーヴで働く人々は瓶の爆発から身を守るための面を着けた。

5

6

5　太陽王ルイ十四世（イヤサント・リゴー作、ルーヴル美術館蔵）。

6　有名なヴーヴ・クリコことニコル＝バルブ・クリコ。カーヴ主任とともにルミュアージュ（動瓶）の技術を開発した。

7

9

8

7　旧友ジャン＝レミ・モエを訪ねるナポレオン。
8　シャルル・エドシックについて歌うコミックソング「シャンパン・チャーリー」まで作られた。
9　シャンパン・チャーリーの活躍を大きく報じるアメリカの新聞。

11

10

12

10　ポメリー・エ・グレノでのシャンパンの試飲。1860年。

11　ルイーズ・ポメリーはその予見性と勇気でポメリー・エ・グレノを大メーカーに育てあげた。1885年頃。

12　ルイーズ・ポメリーの葬儀では、彼女に最後の敬意を捧げる人々でランスの通りが埋め尽くされた。1890年3月21日。

13

14

13　1889 年のパリ万博のためにウジェーヌ・メルシエが作らせた世界最大のワイン樽。通り道を広げるために何軒もの家を壊さなければならなかった。

14　1900 年の万博で離陸したメルシエの不運な気球。

15

16

17

15 1911年、ブドウの安値に抗議するためにトロワに終結した栽培者たち。
16 1911年の暴動で、税務書類を燃やすバール＝シュル＝マルヌのブドウ栽培者。
17 アイの村で暴徒と衝突するフランス軍竜騎兵。

18

La gloire de la culture germanique.
(*Providence Journal*, Etats-Unis.)

19

20

18 1914年、ブドウ畑を縫って前線に向かうフランス軍兵士。
19 ドイツ軍は歴代フランス国王・女王が戴冠式を行なったランス大聖堂を破壊する決意を固めていた。
20 1914年9月、ドイツ軍の砲撃で炎上するランス大聖堂。

21

23

22

24

21　1914年、砲撃下での最初のブドウの収穫。多くの摘み手が犠牲になった。
22　ガスマスクを着けた塹壕のフランス兵。
23　「塹壕の戦争」と呼ばれる第一次世界大戦ではスイス国境から北海まで750km以上に及ぶ塹壕が掘られた。
24　1915年、砲撃で荒涼となった景色の中、スープを運ぶフランス兵。

25

26

27

25 大半のシャンパンメーカーが大きな被害を受けた。これは前線に最も近かったポメリー・エ・グレノの、おそらく1916年の光景。

26 モエ・エ・シャンドンもまた猛爆を受けた。

27 ヴーヴ・クリコの被害。

28

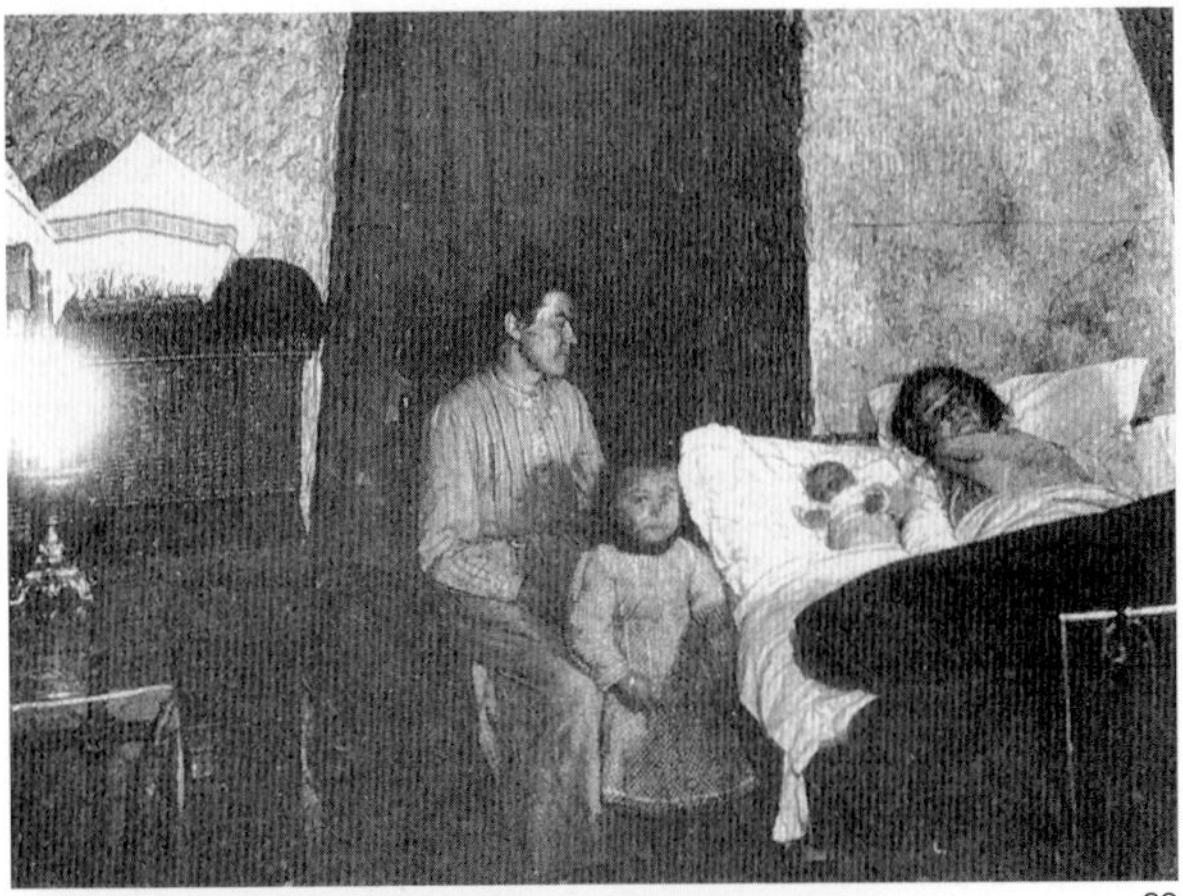

29

30

28 砲撃を逃れて何千人もが地下のクレイェールで生活した。
29 地下には病院もあった。これは女性がお産した直後の光景。
30 大半の男が軍隊に応召したため、カーヴでの仕事のほとんどが女性によって担われた。

31

32

31　1916 年、地下の学校で学ぶ子どもたち。
32　体操の時間。

33

34

35

33　コルクの上にかぶせる針金を作る。
34　激しい砲撃によってポメリー・エ・グレノの地下30メートルのクレイェールが一部崩壊した。
35 フランス兵もシャンパンを略奪した。ポメリー・エ・グレノの空き瓶の山がその証拠だ。

36

37

38

36 ランス近郊でフランスの植民地部隊に投降してくるドイツ兵。

37 カリカチュアも大いに活躍した。「そうか、おまえもシャンパンが飲みたいんだな。それじゃ、ほらコルクでも食らえ！」

38 ドイツ兵は野卑な酔っぱらいとして描かれた。「彼らのシャンパン初体験」という説明がついている。

39

40

41

39　1918 年、ランスのロワイヤル通り。その破壊のあまりのすさまじさ故に、ランスは「殉教の町」と呼ばれるようになった。

40　焼け落ちて骨組みだけになったランス大聖堂。

41　エペルネの英雄的な市長、モーリス・ポル＝ロジェ。

42

43

42 戦後、シャンパーニュ人は新たな敵フィロキセラに直面した。
1919 年、ブドウを守るために土中に二硫化炭素を注入する栽培者。

43 1931 年、シャンパンは非常に人気を高め、ポーターたちによって
アフリカのイギリス軍にまで運ばれた。

をとっていた。一九〇二年のこと、ケスラーは、皇帝ヴィルヘルム二世の新造ヨット「流星《メテオール》」号の進水を祝うためにVIPの一団がニューヨークに集まることを知った。皇帝はドイツの発泡ワイン、いわゆるゼクトを、船の進水式用に一本とそれに続く贅沢な昼食会用に何箱も送ってきた。

かつてシャンパーニュ中を飲み歩いた父のヴィルヘルム一世王とちがって、皇帝はことワインに関しては外国嫌いだった。ドイツワインにしか口をつけないのだ。彼は以前、手ずから勧めた一杯のゼクトを断ったビスマルクを、非愛国的だと責めたことがあった。フランスのシャンパンのほうが好みだったビスマルクは、こう答えた「私の愛国心は胃のところで止まっております」。またあるとき、皇帝はある宴会でぶしつけにも自分にシャンパンを差しだしたと言って臣下の役人たちを叱責した。「こんなものは下げて、余のゼクトをこれへ」彼はうなるように言った。「美味さではひけをとらん」

ゼクトとシャンパンの違いがわかっている臣下たちは酒倉へ急ぎ、ゼクトの瓶のラベルを水につけてはがしてシャンパンの瓶に貼りつけた。

「ほら見ろ」グラスを差しだされた皇帝は言った、「余の申したとおり、ゼクトはシャンパンと寸分変わらぬ味だ」。

そんな次第だから、船の進水式にお気に入りのワインを用意するのをヴィルヘルムがいかに重視していたかは言うまでもないだろう。ジョルジュ・ケスラーにはまちがいなくそれがわかっていたし、彼はそこにチャンスを嗅ぎつけた。

式の当日、駐米ドイツ大使がシオドア・ルーズベルト大統領夫妻をはじめとする招待客をニューヨーク港の進水式場で出迎える準備をしているとき、ケスラーは行動を起こした。ちょっとした手品を使って皇帝のゼクトとモエの瓶をすりかえたのだ。

皇帝のヨットの舳先で大統領夫人がフランスのシャンパンの瓶を割るのを見たドイツ人たちのうろたえぶりについては、想像するしかない。そしてそれは昼食の前のことで、招待客が昼食の席に着くと全テーブルにモエのマグナム瓶が置かれていた。

ケスラーの大胆不敵な行動は国際的な事件になった。恥をかかされて怒った皇帝ヴィルヘルムはただちに大使を召還し、解任した。だがケスラーとその雇用主は大喜びだった。モエ・エ・シャンドンの名はアメリカ中の新聞の紙面を飾り、モエの売り上げは急上昇した[18]。

皇帝のパーティーを台なしにすることだけがケスラーの手柄ではなかった。四年後のサン・フランシスコ大地震の直後、ケスラーはすばやく貨車一台分のシャンパンを送って被災者を慰問した。またしてもモエ・エ・シャンドンの名が見出しを飾ったのである。

このようにケスラーをはじめとするシャンパンメーカーの代理人たちがシャンパンを「西」へ売りこんでいるころ、同じく勘の鋭い一人のアメリカ人が「西部」をシャンパーニュに持ちこんでいた。一九〇五年、バッファロー・ビルのワイルド・ウェスト・ショーがファンファーレも高らかにランスで幕を開けたのだ。本物のカウボーイやアニー・オークリーのようなカウガールの演ずる曲乗り、投げ縄、射撃に観衆は狂喜した。彼らがとりわけ気に入ったのがインディアン、そしてカスター将軍玉砕シーン（一八七六年、ジョージ・アームストロング・カスター率いる第七騎兵隊はリトル・ビッグホーンにおけるスー族との戦いで全滅した）の再現だった。しかもこのときの衣装がカスターの未亡人みずからが選んだものだと知ったとき、ファッションにうるさいフランス人は文字どおり魔法にかかったように客席から立ち上がってしまった。実際あまりにうっとりさせられたので、あるシャンパンメーカーは、ラベルにカウボーイの絵まで印刷したバッファロー・ビル・シャンパンというのをつくりはじめたくらいだ(19)。

ある意味で当時のシャンパン産業は古いアメリカ西部とそれほどちがっていたわけではない。それは法がほとんど存在しない、荒っぽくて混乱した世界だった。なにしろ、「万病に効きます」というキャッチフレーズでインチキ万能薬を売る行商人が横行していた時代だ。大衆向けの広告が新たに登場したが、広告における真実などという概念は誰も耳にしたことがなかった。シャンパンはすでに大きなビジネスになっていたにもかかわらず、それをコントロールする規則や規制が追いついていなかったのだ。事実上、消費者保護どころか生産者保護すら存在しなかった。この空隙を狙って独特の無法者が乱入した。偽ブランドづくりである(20)。

とりわけ大胆なのがレオン・シャンドンだった。彼は、自分の姓をただそのままラベルに印刷すれば、客はそれをモエ・エ・シャンドンと混同し、もっと買ってくれるだろうと考えた。瓶のラベルがそっくりだったばかりか、レオンのコルクにもモエ・エ・シャンドンと同じ星のマークが刻印されていた。レオンのものがすこぶる功を奏したので、今度はもうひとりのシャンドン——こちらはウジェーヌ——が自分の会社をつくってこれまたシャンパンの行商をはじめた。

こうしたことはすべて完全に合法的だったのである。少なくともこのような行為が非合法だとはどこにも書いてなかった。

リュイナール・ペール・エ・フィスのカーヴ主任が独立してシャンパンメーカーを起こそうと決心したとき、手始めに行なったのが、ポール・リュイナールという名の退役騎兵将校を表向きの社長として雇うことだった。まもなくシャンパーニュ・ポール・リュイナールという銘柄の瓶が流れ作業のラインを転がりはじめた。

ヴィクトール・クリコなる名称でつくられているシャンパンもあったが、この人物の本職は煉瓦積みだった。さらにもう一つ別のクリコも出現しそうになった。こちらはランスの靴職人だったが、彼の不幸はかの有名にして手強いヴーヴ・クリコのいとこだったことである。いとこのやろうとしていることを耳にしたクリコ未亡人は、彼を脅して手を引かせた。「シャンパンメーカーということに関して言えば、それが一つなくなってもどうってことはない」ある生産者は言った、「でもランスはあぶなく信用のおける靴職人をなくすところだったよ」。

ギュスターヴとレオンのブズィーグ兄弟の場合、事情はもう少し複雑だった。兄弟はそもそもの初めから、客を惹きつけるという点で自分たちの名前にはいわく言いがたい何かが欠けているとわかっていた。そこで二人は姓をブレイに変え、ブレイ・フレール（ブレイ兄弟）の名でシャンパンの販売をはじめた。だが売り上げは下がり続けた。

ブレイ兄弟は問題の解決策をストラスブールで見つけた。ビアレストランでの食事中、二人は自分たちのテーブルの給仕の姓がロデレールだと知った。給仕の名前のほうがテオフィルであることや、テオフィルのシャンパンについての知識が客のグラスの飲み残しに限られているなどというのは、この際どうでもよかった。ブレイ兄弟はロデレールに数フラン払い、いっしょにランスまで来て、シャンパンを売るために彼の姓を使わせてくれるよう説き伏せた。

ルイ・ロデレール、つまり本物のロデレールは怒って、ブレイ兄弟を法廷に引きずり出した。法的な行動がとられたきわめて初期の例である。「ブレイ兄弟の行為は私の足に刺さった棘のようなものだ」とロデレールは訴えた。

だが気にしているのはロデレールひとりくらいのものだった。裁判所すら無関心に見え、ブレイ兄弟は何ひとつ法に反する行為をしなかったという裁定を下した。人間は自分の名前を使う権利をもっている、と判事は言った。

このような法的な野放し状態の結果、大衆はたびたび騙されることになる。ロバート・トムズはこう語っている。「何度となく私は、通を気どっている人が偽ブランドの平凡なシャンパンに舌鼓をうち、これこそ本物のロデレールの風味だよと大声で断言するのを見た」

ランソンのメゾンもその名を悪用されたことがある。アフリカはコンゴのある企業は、「ランソン・ブラック・ラベル」という発泡飲料をつくった。だがそのラベルは黄色で、楯の紋章のかわりに二頭の象の頭で飾られていた。カリフォルニアでは別の会社が正しい色とデザインを使ったが、そこはその〝シャンパン〟を「シャトー・ランソン」と称していた。

しかし最大のブランド泥棒はといえば、また別のあるアメリカ企業にとどめを刺すだろう。合衆国では、早くも一八五〇年代に、いくつかの会社が副業として発泡ワインをつくっていたが、本場のシャンパンの人気が高まるに連れ、まもなくそれを専業とするようになる。筆頭株はニューヨークのグレート・ウェスタン・ワイン・カンパニー・オブ・ハモンズポートであった。

このワイナリーは発泡ワインの賞を数えきれないほど受賞していたにもかかわらず、オーナーたちはもっと名声の高い所番地があれば、さらに金儲けができるだろうと考えた。手はじめに彼らは郵政省の役人と会い、自社地域の土壌や気候条件がいかにシャンパーニュのそれと酷似しているかを説明した。さらに彼らは、ワイナリーから少し行ったところにあるバースという町の名称はイギリスの有名な町の名を拝借したものだと指摘した。またニューヨークの旧名ニューアムステルダムの例もあった。郵政省はすぐさま会社の案を承認した。

数日後、グレート・ウェスタン・ワイン・カンパニーの敷地内に小さな郵便局が開局した。公式の住所は――ニューヨーク州ランス（Rheims）、シャンパーニュのランス（Reims）の、当時の綴りと同じである。だがグレート・ウェスタンの人々はそこでやめはしなかったらしい。

伝えるところによれば、一八八〇年代に、ある小さな派遣団がフランスに向け出発した。フランス中を行き来したあと、彼らは元料理女だったひとりの婦人に出会った。しかも彼女はたまたま未亡人でもあった。さらにもうひとつ、彼女の姓はポメリーだった。金が手渡され、マダム・ポメリーはアメリカ人たちといっしょに合衆国へ行くことを承諾した。

あっというまにメゾン・ド・ポメリーが再誕生した、このたびはニューヨーク州ランスに。(21)

ベル・エポックはシャンパーニュの黄金時代だったが、二十世紀が幕を開けると、この時代を特徴づけていた感覚的な魅力と興奮は、つのる不安に取ってかわりはじめた。

より安価なブドウが南から押しよせてくるようになり、大きなシャンパンメーカーにブドウを売って生計を立てているシャンパーニュの栽培者たちをおびやかした。かつてシャンパーニュにとってあれほどの福音だった鉄道が、栽培者にとっては突然災厄にかわった。シャンパン生産者たちが鉄道のおかげで安いブドウを手早く入手できるからだ。「黄金の雨」は干上がり、栽培者の収入は下降、シャンパン生産者との関係は悪化した。「連中は大邸宅に住んでるが、こちとらの屋根には穴があいてる」ある栽培者はそうこぼした。[22] 一八九〇年代から一九〇〇年代初頭にかけての一連の凶作は、彼らの不安をつのらせるばかりだった。

一九〇九年の七月十四日、シャンパーニュのオーブ県にあるランドルヴィルという小さな町の住民が革命記念日を祝うために集まった。それはあまりぱっとしないお祝いだった。「ほとんど誰もパレードに参加しなかったし、行進している少数の人たちにさほどの関心も払わなかった」ルイ・エティエンヌは日記にそう記している。「すべてがひどく悲しい[23]」

数日後、フランスの新聞は、ルイ・ブレリオというフランス人が初のイギリス海峡単独横断飛行に成功したと誇らしげに報じた。

「フランスにとっては素晴らしいことだ」エティエンヌは書いた、「だがここにいるわれわれには無意味だ。みんながっかりしている。人間の生活は変わりつつあるのかもしれないが、われわれは生活の手段を見つけなければならない」。

栽培者だけでなくほかの多くの人々にとっても、生活はますます苦しくなってきていた。ベル・エポックの気ちがいじみた騒ぎが制御不能になって、錐もみ下降しつつあるように見えた。国中に労働不安が増大し、ドレフュス事件の影響でユダヤ人の社会的役割に関する諸問題が生じ、政教分離をめぐる緊張が高まり、王党派や無政府主義者や共産主義者が政府に挑みはじめた。

ある歴史家が言ったように、ベル・エポックは「火山のてっぺんでのダンス」になってしまっていたが、その火山がこれほど早く噴火するとは、ほとんど誰にも予想できなかったのである。[24]

第五章　マルヌ川がシャンパンを飲んだ日

一九一一年一月のある冷たい冬の午後、マルヌ川沿いの村々に鐘、ラッパ、太鼓、そして信号弾の音が轟いた。シャンパンに加工される「よその」ワイン——つまりシャンパーニュの外から来たワイン——四千本を積んだ一台のトラックがエペルネに向かっているという知らせが届いたばかりだった。

警報に応え、まもなく三千人の激怒したブドウ栽培者たちが鍬や手斧や先の尖ったブドウ畑用の杭を手に、エペルネにほど近いダムリーの村を行進していった。彼らはそこでトラックを止め、荷台のワインを車ごと川に突き落とした。運転手は命からがら逃げ去った。

ワインはロワール渓谷から来たものだった。この地域の白ワインより安いので、シャンパンにするために何軒ものメゾンが仕入れたのである。ワインとブドウをシャンパンメーカーに納めることで生計を立てている地元のブドウ栽培者は、基盤を脅かされて商売が成り立たなくなりつつあると不満を訴えた。彼らはさらに、シャンパーニュ産でないワインやブドウを使うことは不正であり、それによってできたものは本物のシャンパンではない、と言った。

このような不満はそれまで何度も口にされてきたし、当局はそのつど調査を約束したが、何ひとつ変わらないように見えた。この一月十七日、よそのワインがエペルネに向かっているという警報を聞いたとき、ついに栽培者たちの堪忍袋の尾が切れたのである。

積み荷を川に沈めたあと、彼らは「ペテン師打倒《ア・バ・レ・フロドゥール》！」とスローガンを唱えながらアシル・ペリエのシャンパンメゾンに向かった。庭師から「大騒動が起きそうです」と知らせを受けたムッシュ・ペリエは門番《コンスィエルジュ》の家に隠れた。数分後、ブドウ栽培者とその家族たちは正面のゲートを突き破って前庭になだれ込んだ。そしてそこで、さらに大型荷馬車一台分のよそのワインを見つけると、馬車を道に引きずり出し、橋の上に運んでいってマルヌ川へ放りこんだ。残りの連中はペリエのカーヴに押し入り、ブドウ圧搾機を破壊し、五万本のシャンパンをたたき割った。二時間後に警察が到着したが、すでに全員が姿を消していた。

翌日も、群衆がさらに二つのシャンパンメゾンを襲うという暴力沙汰が起こった。今回はドン・ペリニョンゆかりのオーヴィレールが舞台となった。警察が駆けつけるころにはまたしても犯人たちは消え失せていた。

「犯罪者の仮面をはげ！」ある新聞の見出しは派手にこう書きたてた。だが首謀者を突きとめるために当局が正式に喚問を行なっても、関係者は貝のように口を閉ざしたままだった。「ふむ」主宰の治安判事は皮肉っぽく言った、「全員が首謀者とも思えるし、首謀者などいないとも思えるな」

ダムリーとオーヴィレールの暴力騒ぎはまたたくまにほかの町や村に広がったが、それはほんの序曲に過ぎなかった。それから半年ものあいだ、シャンパーニュ地方には騒乱状態が続いたのである。「レ・ゼムト（大暴動）」として知られる一九一一年のこの騒動は二つの内閣をつぶし、この地域を内戦寸前にまで追いこんだのだ。

二十世紀も一〇年代に入ると、ほとんどいたるところに暴力の気配がただよっていた。イギリスでは軍隊が港湾や炭坑の労働者、婦人参政権論者たちと衝突した。ロシアでは皇帝《ツァー》がボルシェヴィキの暴動を鎮圧した。ニューヨークの無政府主義者たちが警官と衝突し、パリではソルボンヌの学生が暴徒化して軍隊と戦った。

だが、たとえこういった背景を考慮に入れたとしても、シャンパーニュの眠ったような村々で暴力が爆発したのは衝撃的だった。

ブドウ栽培者たちは昔から孤独で従順な生活を送ってきた。主に教会で教育を受けた彼らは、素直であれ、人生における自分の運命を受け入れよ、と教えられてきた。「それはわれわれが警官を信じ、教師を信じ、司祭を信じていた時代だった。しかも盲目的に彼らを信頼していたのだ」あるブドウ栽培者は語った。

人生はブドウと母なる大地に支配されていた。栽培者たちはたんに土地を耕していたのではなく、土地に釘づけになっており、土地へのひたむきな愛着はほとんど宗教的とすら言えた。ブドウの世話をするのは聖なる義務だった、なぜならブドウの一本一本に物語があり、かつてそこで骨折って働いた先祖たちの記憶を呼び起こすのだから。

ほとんどの——八〇パーセント以上の——栽培者が、たかだか一エーカー程度の土地しかもっていなかった。しかもその土地はばらばらの小区画に分かれていて、一区画は何枚かの敷布ほどの広さしかかなく、往々にして互いに何マイルも離れている。ある区画から別の区画へ歩くのに時間がかかるが、こと栽培者に限って言えば、これは天の配剤だった。これは彼らなりの保険なのだ。たとえある区画を霜や雹《ひょう》の害が襲っても、別の区画が助かることも多いので、まずはいつでもなにがしかの収穫はあるだろうというわけだ。

しかし一八九〇年に突然すべてが変わり、彼らが大切にはぐくんできた生活は引き裂かれた。この年初めて、かなりの量の安いブドウとワインが、主にロワール渓谷と南フランスからシャンパーニュに侵入した。エペルネでは、外から来たブドウの籠とワインの樽で駅が埋まり、旅行者の通行に支障をきたすほどだった。ほとんど一夜にしてシャンパーニュのブドウ価格は半分以下に下落した。

いっしょになって気温までが下がった。一八九〇年の冬の天候は例年になくひどいもので、しびれるような寒さが永遠に居すわるかと思えた。ここ何十年かで初めて、狼の群れが餌を求めてブドウ畑をうろついているのが目撃された。春の訪れは遅かったが、大雨をともなってやってきて、栽培者たちの憂鬱に追いうちをかけた。

彼らは誇り高く勤勉な人々である。物乞いをするとか、施しを求めると考えただけで屈辱と苦痛にさいなまれたが、ほかに選択肢をもたない者が多かった。

「どうかうちのブドウを買ってください」ある栽培者は大手のシャンパンメーカーへの手紙で懇願している。「そちらの言い値でけっこうです。妻は病気で入院していますが、治療費が払えません。五人の子どもに食べさせる物もありません」

もうひとりの栽培者はこう嘆いている、「うちの地下倉庫にはアリババの財宝のように美しいブドウが収まっているけど、誰も買おうとしない」。

だがシャンパンメーカーはかたくなに、自分たちにも生計を立てる権利があると言った。「この土地の産ではないにせよ、安く買えるブドウがあるなら、なぜ買っちゃいけないんだ?」ある生産者は反問した。

そしてそこが問題だった。シャンパンメーカーのやっていることはすべて合法的なのだ。シャンパンの内容物を規制する明文化された法令はたったひとつだけで、しかも実質上役に立たなかった。それはただ、シャンパンという呼称を使うためには、発泡ワインに使用するブドウの五一パーセントはシャンパーニュ産でなければならないと謳っているだけであった。残りの四九パーセントがどこからくるかはシャンパンメーカー次第だ。もっと穏やかでないのは、もしシャンパンメーカーがブドウ以外の何かを使いたいと思えば、そう、それもかまわないのだ。法令には、シャンパンはブドウだけでつくらなければならないとは記されていないからである。無節操な生産者のなかにはリンゴと洋梨の果汁を混ぜる者もいた。またあるシャンパンメーカーがイギリスで大量のルバーブを買い付けるのが目撃されたという噂もあった。

不正手段を弄して手っ取り早く儲けようと思えば、方法はいくらでもあった。「シャンパーニュでは金を儲けるのは簡単だ」、あるシャンパン生産者はうそぶいた。「安いブドウを使いさえすればいいんだよ。品質は変わるが、たいていの人は気がつきゃしない」

さらに無視できないのは、多くのシャンパンメーカーがそういったブドウを買い付ける方法である。メーカーは代理業者《コミショネル》と呼ばれる一種の密偵を地方へ派遣する。彼らの仕事はできるだけ安くブドウを買うことだ。この男たちの多くは強盗と変わりはない。お話にならないような安値で買いたたき、しかも法外な賄賂を要求して、ブドウ栽培者から搾れるだけのものを搾り取る。ふつう賄賂は、代理業者が自分たちの取り分として売りさばけるおまけのブドウという形をとる。生産者が文句を言ったり要求を拒んだりすると、代理業者は誰もそのブドウを買わないようにし向けることができた。「舌は歯のあいだにしまって何もしゃべるな」ある栽培者はいきり立つ隣人に警告した。「言うとおりにしときゃあ、奴らはとにかくなにがしかは払ってくれるんだ」

なんとかブドウを売った栽培者はよく嫌味な当てこすりを言われることがあった。「俺たちのところに遊びに来いよ、いっしょに〝あんたの〟ワインを一杯やってみよう」、取引を終えた代理業者はしょっちゅうそんなことを言った。「悪くないぜ」

当然のことながら不満の声は国中に広がり、ブドウ栽培者は自分たちを飲みこもうとしている経済的困窮の増大を逃れる術を模索しはじめた。その答えは一九〇七年のある暖かい春の日に見つかった。

南フランス《ミディ》でブドウ栽培とワイン醸造を兼業する者たちの大規模なデモが勃発した。八万人がナルボンヌの町を行進し、五十万人以上がモンペリエの街路に繰り出した。シャンパーニュ同様、この南部のワイン産地でもブドウの価格は急激に下がっていた。主たる原因は生産過剰だった。南フランスは安い赤ワインであふれかえっていた。しかし抗議デモに参加した者たちは、問題の責任は「偽ワインの製造者」にあると責めた。彼らの言い分によると、それらの業者は自分たちのワインに北アフリカとスペインの安いワインを混ぜてアルコール含有量を増やしているのだ。なかにはポルトやコニャックを加えて芳香を強めたり、ビートのジュースを混ぜる者すらいるという。

デモに対する強硬策のせいで「虎」とあだ名されるジョルジュ・クレマンソー首相は、万一に備えて万全の策を講じた。国家非常事態宣言を発し、軍隊を南フランスに派遣したのである。軍隊の登場はデモ隊を怒らせただけだった。彼らは軍隊に投石と悪罵を浴びせはじめ、兵士たちは銃撃で応戦、少なくとも五人のデモ参加者が死亡し、多くの負傷者が出た。

事件のニュースはまたたくまに広まった。国中が恐怖におののいたが、いちばん震えあがったのは軍隊だった。事件の当日現場にいた兵士の多くは南フランス出身の補充兵で、家族や友人が血だらけになったり殴られたりしているのを見てひどいショックを受けた。全員が街路に座りこんで命令を拒んだ小隊があり、まるまる一個師団が上官の命令に反抗した例すらあった。

ブドウ生産者たちの抗議が力を増すと、クレマンソーは譲歩し、軍隊に撤退命令を出して、抗議者たちの苦情を真剣に検討すると約束した。

数日後、政府は、栽培者たちを不正から守り、彼らのブドウの適正な価格を保証する一連の法案を可決した。この法律はまた、ワインは「もっぱら生のブドウあるいはブドウ果汁のアルコール発酵によって」つくられなければならないと規定していた。ビートのジュースも、リンゴの果汁も、ほかのどんな原料もだめで、ブドウの汁のみ。ワインというものが法的に規定されたのはこれが初めてだった。

不幸にしてこの新たな基準は南フランスにしか適用されなかった。シャンパーニュ地方ではなんの効力もなかったのだ。だがシャンパーニュ人は貴重な教訓を得た――法律を変えるには、それを打ち破ろうとしなければだめだという教訓を。

ここに至るまでの過程は、遅々とした苦しいものだった。あの素晴らしい一八八九年は別にして、翌年から一九〇七年まで収穫はほぼ毎年みじめなものだった。だがシャンパンの販売量は倍以上に増えている。なぜそんなことがありえるんだ？　どうなってるんだ？　ブドウ栽培者たちは互いに首をひねりあった。金を儲けているやつがいる、だがわれわれはその金を拝んだことがない。

そして一八九〇年、いくつかのメゾンが結託してブドウ価格を固定しているのを知ったとき、栽培者たちの不信はふくれあがった。正直なシャンパンメーカーが不正を非難はしたものの、その後問題から身を引いてしまい、打ち続く不正に手を打とうとしないので、彼らの欲求不満と無力感はいっそう深まった。

しかし、ブドウ生産者とシャンパンメーカー間の亀裂を限界まで深め、前者の政府との衝突を避けがたいものにしたのは、それまで国内のほかのあらゆるワイン生産地に壊滅的打撃を与えていた害虫フィロキセラの襲来である。

これまで長いあいだ、ブドウ生産者は、シャンパーニュの白亜質の土壌と比較的寒冷な気候のおかげで自分たちのブドウ畑は病虫害から守られていると信じてきた。一八九〇年八月五日のこと、小さな一区画のブドウにその虫がいるのが見つかったという話を聞いても、ほとんどの者がそれは嘘っぱちで、大手シャンパンメーカーの陰謀だと考えた。彼らが自分たちを脅してブドウ畑から追い払い、ただ同然でそれを買い占めようとしているのだと。

最初はゆっくりと、次いで急激に――一八九二年には四エーカー、九七年には一三エーカーだったものが、九九年には二三七エーカー、そして一九〇〇年には一五八一エーカーに達した――虫害が広がったときでさえ、ブドウ生産者向けに創刊されたばかりの新聞「シャンパーニュ革新《ラ・レヴォリュスイオン・シャンプノワーズ》」紙は生産者に、真の敵を見失うなと警告した。「フィロキセラはわれわれのブドウ畑の唯一の寄生虫ではない」と、それは書いていた。

マルヌ県の行政府がフィロキセラ問題に取り組むために、ブドウ栽培者、シャンパンメーカーおよび県農業局の専門家からなる「大組合《グラン・サンディカ》」を組織したとき、ほとんどの栽培者は協力を拒んだ。それまで疑念や不信感があまりに大きくふくらんでいたので、彼らはブドウの病気治療のために当局やさまざまなシャンパンメーカーが申し出た財政援助も断っていた。ブドウの検査官が畑に顔を見せると、生産者たちは棍棒や先の尖ったブドウの支柱をふりまわして追いはらった。多くの生産者は、検査官が自分たちの畑に虫を放っているのだと信じていた。

しかし、シャンパーニュの問題はブドウ栽培者とシャンパンメーカーとのあいだの相互不信にとどまらず、栽培者同士のあいだにも大きな分裂を生んだ。

それはある全国版の雑誌に掲載されたイラストに如実に示されていた。イラストは自分の二人の娘に腕を回した愛情深い母親の姿を描いている。娘のひとりは金髪で、もうひとりは黒髪だが、二人とも美しい。シャンパンの瓶の格好に描かれた母親はシャンパーニュ地方を象徴しており、ブロンドの娘はマルヌ県を、黒髪のほうはオーブ県を表わしている。娘はそれぞれブドウでいっぱいの籠を手にしている。母親が二人に言っている、「抱きあいなさい、おまえたち、ここには私たちみんなにじゅうぶんなものがあるのだから」。

だが多くのブドウ栽培者はそう感じてはいなかった。

シャンパーニュは主として二つのブドウ栽培地域からなっているが、双方は互いにきわめて性格を異にしている。より中心的なのはマルヌで、三万七〇〇〇エーカーのブドウ畑がある。ここの最良の土壌が最上のブドウを育て、最高のシャンパンを生む。マルヌの栽培者たちはオーブの同業者を見下して、「フスー」という蔑称で呼ぶ。栽培者がワイン畑の石を掘りおこすときに使う鍬をさす言葉だ。加えてマルヌの人間は、オーブはそもそもシャンパーニュの一部ではないと言う。オーブはブルゴーニュのほうに近いし、そのブドウ畑も地理的にはランスやエペルネよりディジョンに近いのだと。

だがオーブの栽培者は、ここの土壌はブルゴーニュよりシャンパーニュのそれに似ていると反論する。彼らはまた、ここの河川は北に向かって流れている、ブルゴーニュのように南へ向かってはいないと指摘する。もっと重要なのは、オーブ一の大都市トロワには、古くはシャンパーニュの首都が置かれていたではないか。「なんでマルヌの連中は俺たち以上に本物のシャンパーニュ人だなんてぬかすんだ」と、ある栽培者は文句を言った。「俺たちはこれまでずっとシャンパーニュに属してたし、これからもずっとそうだ」

そこが問題の核心なのである。正確に言ってシャンパーニュとはどこなのか？　それまで誰もその境界を規定した者はいなかった。どのブドウ畑のブドウが、それでつくったワインをシャンパンと称する権利があるのかを正確に決めた者は誰もいなかったのである。

全部で五〇〇〇エーカーそこそこのブドウ畑しか所有していなかったが、オーブの栽培者兼醸造者たちにとって、それは死活問題だった。これまで何年も彼らは自分たちのワインの大半をパリのカフェやブラッスリーに売ってきた。今や、南フランスからもっと安いワインが鉄道を使って首都に流れこみ、オーブのワインは太刀打ちできなくなった。彼らに残された唯一の市場はランスやエペルネのシャンパン産業だった。もしそれを失えば、彼らは生きていけないだろう。

どこがシャンパーニュに属するかという問題の解決は政府に託された。当局はこの問題全体が自然消滅してくれることを願ったが、南フランスでの暴動やシャンパーニュにおける緊張の高まりを見て、もはや避けて通ることはできないと観念した。一九〇八年十二月十七日、当局はマルヌ県全体と、隣のエーヌ県の数か所のワイン畑だけが、自分のところをシャンパーニュと呼ぶ権利があると発表した。

オーブの人々は愕然とした。「連中は俺たちの喉を切り裂いた」ある者は言った。「俺たちがシャンパーニュの人間じゃないとしたら、いったい何なんだ？　月世界の住人か？」

マルヌの生産者たちも楽しくはなかった。自分たちの素晴らしいワインが、日頃エーヌの「豆スープ」と呼んでいるものと同格視されるという侮辱を受けたのだ。エーヌはブドウより豆の栽培で知られていた。

いっぽう、この間に不正行為は流行の域にまで達した。破廉恥なメーカーによるビートやリンゴやルバーブの汁を混ぜた粗悪なシャンパンは、外からのワインの流入とあいまって、正統派のシャンパンメーカーが営々として築きあげてきた名声を台なしにするおそれがあった。この地域のブドウ生産量をはるかに超える年間千二百万本もの「偽シャンパン」が売られていたと見られる。この不正があまりに広く横行したので、ある有名なイギリスのワイン商は顧客に用心するよう、こう警告した。「シャンパンほど危険なワインはありません。中に何が入っているか、誰にもわからないのですから」

だが、その代価を払っていたのはブドウ栽培者たちで、一九一〇年は特にひどかった。この年は考えうる限りのあらゆる悪いことが起こったのである。一九〇二年から一九〇九年までのブドウの収穫はたんなる不作にすぎなかったが、一九一〇年は壊滅的だった。ブドウ畑は虫やカビやウドンコ病にむしばまれた。五月の半ばまで霜が下り、その後嵐のような雹《ひょう》が降ったり、大雨が一帯の丘の斜面を洗い流したりした。ブドウ生産者とその家族は生き残ったわずかなブドウの木を救おうと膝までもぐる泥の中を歩きまわった。

早くも六月には、今年の収穫は皆無に近いだろうと誰もがわかっていたが、そのとおりになった。摘まれたブドウの量は前年の一割にも満たなかった。ある栽培者がつくれたワインはわずか一本で、それは記念にとって置かれた。穫れたブドウがあまりに少なく、タルトしか作れなかった主婦もいた。

冬がやってきたが、誰の懐にも一文の金もなかった。人々は仕事を探して裸足で雪の中を歩いた。大勢の人が自分のブドウ畑を放りだしてシャンパーニュを離れ、アルジェリアのブドウ農家へ出稼ぎに行った。双子を出産したばかりのある生産者の妻は悲痛な叫びを上げた、「どうやって二人を養えばいいの？要らない猫の子みたいに壁に投げつけることもできないし」。

パリの一新聞が状況調査のために記者をひとり派遣した。記者は自分の見たものに衝撃を受けた。「これほどすさまじい貧困が二十世紀のヨーロッパに存在するとはとても信じられない」と彼は書いた。多くの生産者が破産に直面し、四分の三を超える者が土地を抵当に入れざるをえなかった。シャンパーニュは爆発寸前の火薬樽のようなものだったが、本章の冒頭に書いたように、とうとうそれは冷たい一月にブドウ栽培者たちがダムリーで暴れまわるというかたちで爆発した。

政府はふたたび対策に頭を悩ますことになった。「首相は何の役にも立たん」ある議員は不満げにつぶやいた。「一方の側には白と言い、もう一方には黒と言うんだから」。状況を沈静化させなければふたたび一七八九年と同じ事態が起こるかもしれないという恐れで、政府はほとんどパニック状態に陥った。

結局のところ、優柔不断で麻痺したような政府は本質的に何もしなかった。二月十日、彼らはたんに現状の追認に過ぎない法律を通過させた。すなわちマルヌとエーヌはシャンパーニュに属すが、オーブはそうではない。

マルヌでは喜びが、オーブでは怒りが爆発した。マルヌの住民が祝日を布告して通りでダンスに興じている頃、オーブのブドウ栽培者たちは凍るような冬の霧の中を足どりも重く村の小さなカフェに集まり、善後策をあれこれと思いめぐらしていた。状況は絶望的に見えた――ガストン・シェクという名の男が一歩進み出るまでは。

シェクはリーダーらしくない男だった。彼はブドウ栽培者ではなく陶工だったが、釉薬のせいで体をこわし、別の仕事を見つけなければならない境遇に置かれていた。オーブとマルヌのあいだに論争が勃発したとき、シェクは第二の天職を見つけた。

背丈は五フィート足らずだったが、シェクの格別大きな人間性はオーブの人々を勇気づけ、自信を与えた。「強くなって、団結するんだ、そうすりゃあんたたちの前には金鉱が開けるんだぞ」

従う者たちに「ちびのシェク」と呼ばれた男は、長く垂れた口ひげをたくわえ、どう見てもミュージックホールのステージにいるほうが似合いに見えた。事実、彼は詩人で音楽家だった。どんな機会も逃さず歌にしてしまうシェクは、水道管修理の歌を書いたことすらあった。

あっというまにシェクは運動の中心人物となった。彼は手はじめに、オーブの生産者たちを鍛えて「鉄の大隊《バタヨン・ド・フェル》」に仕立て上げた。この名称はシャンパーニュへの再統合をめざすオーブ人の鉄の意志を意味しているが、さらに彼らがブドウ畑で石を掘りかえすのに使う鍬にもひっかけている。これはふつうの鍬ではなく、疑問符のように湾曲して先の尖った鉄の鉤である。非常に頑丈な道具で、とてつもなく頑固な石でも掻き出してしまう。これをハンマーで叩いて伸ばせば、敵に致命傷を与える槍に変身する。

この「フスー」で武装したシェクの大隊はオーブ中を行進して、各地域の住民を自分たちの大義に引き入れていった。めいめいは次のように書かれた丸いピンク色のワッペンを胸に着けていた。

われらはシャンパーニュ人だった
われらはシャンパーニュ人である
われらはシャンパーニュ人であり続けるだろう

それで決まりだ！

町も村もこの呼びかけに応えた。ランドルヴィルでは村長が村役場に鍵をかけ、「ここがシャンパーニュになるまで、このドアは開かないだろう」と書いた看板を掲げた。地域一帯で税金の書類が焼かれ、政府の役人をかたどった人形が縛り首にされた。町議会は集団で辞職し――三月までには百二十五人以上が辞めた――、オーブ県のあらゆる行政活動が停止した。パリでは、オーブ選出の国会議員が予算案の承認を拒否することで政府を締めつけ、内閣は総辞職した。

だがすべてがクライマックスに達したのは四月の晴れた棕櫚の聖日（復活祭直前の日曜日）だった。ブドウ栽培者やその家族、町議会や村議会の議員など、オーブ人一万人以上がトロワで行なわれる大規模なデモのために特別列車に乗りこんだ。

汽車が着く頃には、すでにおびただしい数の人間がこの古い街に集まっていた。先の研ぎすまされたフスーをかついで人目を引くシェクの大隊は真っ先に到着している。あたりには高揚感があふれていた。幟《のぼり》や赤旗を振り、革命歌――そのうちの何曲かは彼らのリーダーが作ったものだ――を歌いながら、デモ参加者たちはオーブ県庁をめざした。途中、あるグループが一軒の店の前を通りかかったとき、誰かが、マルヌ産のシャンパンを売ってるぞと言った。それはあっという間に略奪された。

デモ隊が市の中心部に到着したとき、その人数は二万人にふくれあがっていた。見わたすかぎりのプラカードの波、そこには「マルヌに死を」、そして「シャンパーニュ、さもなければ死」のスローガン。道の両脇には万一のトラブルに備えて数百人の武装兵が見守っている。

トロワの市長は大群衆を歓迎した。「本日のこの素晴らしい団結ぶりを目の当たりにした政府は、われらがオーブを無条件でシャンパーニュに再統合するほかはないということを理解するにちがいありません」。この演説に大歓声が起こった。

しかし、誰もが待っていたのはガストン・シェクだった。遅れて到着した小柄なリーダーはオープンカーからかつぎ出され、熱狂した支持者たちの頭の上を順送りに運ばれて、幔幕《まんまく》や旗に囲まれた演台にのぼった。人の海に向かって演説するシェクは、すべてのシャンパーニュ人の和解を訴えた。「オーブの人たちよ、マルヌの人たちよ、われわれは皆兄弟です。そしてわれわれのワインもまた兄弟なのです。われわれの本当の敵は、いんちきなシャンパンをつくり、金がいちばん大事なものだと信じている連中です」シェクはほとんどのブドウ栽培者の心に劣等感が巣くっていることに気づいていた。そして、みずからの尊厳のために立ち上がれと彼らを叱咤した。「あなたがたの鍬は銃とまったく変わらぬ価値があるのだ」と彼は言った。

シェクの演説に万雷の拍手がわき起こった。この大会を取材した新聞記者たちは、「いまだかつてこれほど圧倒的な光景を目にしたことはない」と語った。

この時点で群衆は四万人に増大していた。デモ隊の一部が警察署の鉄の門にのぼって赤旗を掲げると、軍隊は集会を解散させようとした。彼らに野次と「第十七師団万歳！」という叫びが浴びせられた。これは四年前の南フランスのデモの際に上官に反抗した師団をさしている。

だがそれだけだった。自分たちの主張を通したと確信した群衆は帰りの汽車の方へと流れて行ったので、本格的なトラブルには至らなかった。

そして確かに彼らは主張を通したのだ。二日後、パリの議会はふたたび、どこが本当にシャンパーニュに属するのかを論議した。当局は、一九〇八年の法律はフランス人同士を対立に追いやることになった大失策であると認めた。

これまでこれほど熱心な注目を浴びた国会論議はなかった。オーブとマルヌはもちろん、シャンパーニュの津津浦浦で、人々は議会決定を待ってカフェに集まり、電報局の外に立った。

夕方五時、電信機のキーがニュースをたたき出しはじめた。議会は一九〇八年の法律――オーブをシャンパーニュから排除した法律――を廃棄するよう勧告した。

今回喜びが爆発したのはオーブで、怒りが爆発したのがマルヌだった。

夜の九時にはラッパと太鼓の音がふたたびマルヌ一帯に響きわたった。ブドウ栽培者とその家族を動員するための信号弾が夜空を照らした。

もうベッドに入っていた者が多かったが、栽培者とその家族は手斧や鍬やブドウ畑で使う先の尖った杭をふり回しながら家から飛び出した。それはたんに議会の決定のせいだけではなかった。彼らはあらゆることに憤っていたのだ。強欲なシャンパン生産者に騙されたこと、代理業者《コミシヨネル》に脅されたこと、悪天候やひどい収穫にうちのめされたこと、そして何よりも、みじめな生活に容赦なく押しつぶされていること。

「俺たちの空っぽの胃袋が武器を取らせたんだ」と、ある栽培者は言った。

彼らの憤怒の標的にならないものはまずなかった。ディズィでは家々が略奪された。ピアノが粉々に叩きこわされ、車が燃やされた。ド・カステラヌ・シャンパーニュのカーヴも襲われた。別の村では一発の爆弾で三人が負傷した。深夜、マルヌの知事は暴力の実態を調査するために列車に乗りこんだ。それから間もなく知事はパリに向けて打電した。「こちらは内戦状態にある」

暴力は夜を徹して拡大していった。三万五千の軍隊がマルヌに投入されはじめた。その中にフランソワ・ボジャンという歩兵がいた。早朝の汽車でエペルネに到着したボジャンの連隊を迎えたのは地平線の赤みをおびた光だった。しかしそれは太陽ではなかった。「それが燃えているアイの村だと聞かされて、われわれは心底仰天した」とボジャンは語っている。

ボジャンの連隊の兵士は大半がパリとノルマンディの出身で、これまでここシャンパーニュで何が起きていたのかまったく知らなかった。ある将校の言う「本物の革命」に直面していることなど知る由もなかったのだ。

「頭をよぎったのは、神様、俺たちはどうすりゃいいんですか、ということだけだった」とボジャンは言う。

夜が明けると、焼けこげたビルからは煙が漂い、暴徒たちは合流して一万人を超す大群衆にふくれあがっていた。彼らの標的は、シャンパンの瓶詰め作業と出荷の重要拠点であり、古くから市が開かれた町、エペルネだった。「ペテン師たちに死を!」「オーブをぶっつぶせ!」と叫びながら、群衆は線路をふさいで列車を止め、トラックをひっくり返し、「ワインづくりでごまかしを働いた」と彼らが非難するシャンパンメーカーを襲った。

だがエペルネの町はずれでデモ隊は、いかなる犠牲を払ってもこの町を守れという命を受けた軍隊によって行く手がふさがれていることに気づいた。そこで彼らは、四・五キロ北東のブドウ栽培とワイン醸造の村、アイへと方向転換した。そこでデモ隊は目に入るものすべてを襲撃した。正直さで知られ、尊敬されているシャンパンメーカーさえも。

「あれはもうブドウ栽培者じゃない、野蛮人だ」ある目撃者は言った。

ロンドンのある新聞の特派員は次のように書いた「シャンパン商の倉庫やカーヴは徹底的に略奪されて

いた。ある一角に屋根がなく煤で汚れた四つの壁があったが、これがM・M・ビサンジェの倉庫で残ったすべてだった……。煙った廃墟は、ブドウ栽培者たちの狂気の、心痛む証拠である」。

道路には鉄のたがやばらばらになった樽、それに何百冊もの会計簿が「言語に絶する乱雑さで散らばり、あらゆるものがワインに漬かり、そのむっとするような匂いが大気を満たしていた」。

正午になると、現場を空から検分するために派遣されていた軍の二機の複葉機のパイロットが、状況は完全な混沌だと報告した。準戦争的な状況で航空機が使用されたのはこれが初めてである。

眼下の通りでは、暴徒を撃退しようと騎兵が馬上でサーベルをふるっていた。女は往々にして男よりも戦闘的になることがあるが、その女たちが騎兵の馬の前に身を投げだす。いっぽう彼女らの夫たちは電信線を切断して道路に張りわたし、村に入ろうとする増援部隊をつまずかせた。

ブドウ栽培者は自分たちの兵器庫にもうひとつの武器を保有していた。ラッパである。ほとんどの栽培者は兵役経験者だ。騎兵が突撃のラッパを吹くたびに、生産者たちは退却の合図を吹いて、乗り手と馬の両方を混乱させた。

兵士たちにとってこの戦いはあまりに荷が重かった。銃弾を二発ずつ支給されてはいたものの、撃ってはならぬと命じられていた。またサーベルを抜いた場合も、峰打ちしか許可されていなかった。「がまんしろ、だが精力的に動け」と彼らは告げられていた。任務について確信の持てない多くの兵士たちは、事実上何もやらなかった。

将校たちでさえ、まごついていた。アイの狭い通りに騎兵隊は向いていない。騎馬将校たちは気がつくと罠におち、馬を御せなくなって瓶やれんがの雨を浴びせられた。襲撃者を追跡すると、相手は村の地下を走っているうさぎ穴のようなカーヴに姿を消してしまう。「もう暴徒どもはほっとけ」いらだったひとりの将校は部下に言った。「連中は自分たちの欲しい物が何かわかってる。何を必要としてるかわかってるんだ」

時間が経つにつれて暴力はどんどん常軌を逸したものになっていった。ワインとスローガンに酔った暴徒はアイの村を見下ろす丘の斜面を登っていき、ブドウの木を霜の害から守るために置いてあるわらに火を放った。これには多くの者が慄然としたと、ある記者は報じている。「ブドウ栽培者というものは、ブドウの若木を足で踏みつけるくらいならむしろ赤ん坊をぶん殴るはずなのに」とその記者は書いた。何が起こったかを知ったほかの栽培者たちは叫びはじめた。「そいつはやり過ぎだ、やり過ぎだよ」彼らは言った。「俺たちは、ことがそこまで行くとは思っていなかった」

その日が終わるまでに数千本のブドウの木が燃やされ、踏みつぶされた。アイの六軒のシャンパンメーカー、およびそのカーヴと倉庫を含む少なくとも四十の建物が廃墟と化した。六百万本近いシャンパンが割られ、川のように通りを流れて側溝をあふれさせた。栽培者たちは言った「あれはマルヌ川がシャンパンを飲んだ日だった」。

二十四時間を経ぬうちに騒ぎは収まった。夜どおし暴れ、翌日も暑い陽の下で大暴れした暴徒たちは死ぬほど疲労困憊した。デモ隊はほとんど食べ物を口にせず、もっぱら酒を飲んでいたのだ。夕方までにはほとんどが家に帰るか、路上に倒れ伏していた。

死者はひとりも出なかったとは言え、フランスは暴徒のすさまじい荒れ方に衝撃を受けた。シャンパーニュの二つの県がほとんど戦争直前まで行ったのだ。二人の首相とその二つの内閣が、状況に効果的に対処できなかったせいで辞職に追いこまれた。

当局はすばやく加担者の逮捕に動いたが、科された刑罰はかならずしもその罪にふさわしくはなかった。ある十五歳の少女は、シャンパンをひと瓶盗んで労働者にやった罪で一か月拘留された。別のひとりはシャンパン二本、それも両方とも空の瓶を盗んだ廉で禁錮十か月を科された。

当局は新しい技術を利用してこれらの〝犯罪者〟を特定することができた――地元のニュース映画である。映画館の技術者たちがキャメラを街路に持ちだして暴徒を撮影し、それを夜上映したのだ。

緊迫した雰囲気を考慮して、暴動の指揮者として告発された者たちは裁判のためにフランスの他の地域に移送された。モエ・エ・シャンドンをはじめとするいくつかの大手シャンパンメーカーは、デモ参加者たちの不満の多くが筋の通ったものだと認めていたので、彼らに有利な証言をするために代表を送った。

驚くべきことにひとりも死者は出なかったが、捕らわれたことを恥じて二人のブドウ栽培者が自殺した。

いっぽうシャンパーニュ地方は軍の占領下に置かれたものの、軍隊が多すぎる――ブドウ栽培者より兵士の数のほうが多かった――奇妙な占領形態だった。多くの兵士がブドウ農家に宿舎を割り当てられたが、ボジャン二等兵のようにシャンパンメーカーの屋敷に宿営した者もいた。

ボジャンの部隊はアイの村にあるメーカー、アヤラに宿泊した。無理もないことだが、アヤラの初老のカーヴ主任は不安だった。彼は兵士たちによる警護に対して礼を言ったあと、できる限り穏やかな言い方で、ここのシャンパンには手を触れてくれるなと頼んだ。「みなさん」彼は言った、「私のシャンパンは瓶に詰められたばかりです。どうか敬意を持って接してください。そのかわり、あなた方がここにいらっしゃるあいだ毎日朝晩、シャンパンに加工する前の白ワインを詰めた水筒をお一人ずつにお渡しします。素晴らしいワインですが、どうぞご自身で味を見てください」。

のちにボジャン二等兵は、それがたしかに素晴らしいワインであり、誰ひとりシャンパンには手を出さなかったと認めている。

その秋、収穫に備えてやってくるブドウ摘みたちに部屋をあけ渡すために、軍隊の大半が撤退した。兵士たちの出発に際して、多くの若い娘が涙を流したという。

だが、わずかながらここに留まった兵士もいた。彼らは土地の娘と結婚し、シャンパーニュに腰を落ちつけて、みずからブドウ栽培者になったのである。

その秋の実りは豊かだった。ブドウの収穫量はじゅうぶんで、質もきわめてよく、価格は上昇した。

パリでは、この小康状態を利用して政府がシャンパーニュを二つの基準——シャンパーニュとシャンパーニュ第二《ドウズィエーム》地域——に分ける一時しのぎの法案を作りあげた。マルヌにはシャンパーニュの呼称が与えられ、その第一級の地位を保持できることになった。いっぽうオーブは第二地域に入れられたが、少なくともシャンパーニュの一部と見なされるようになったのである。

全面的に満足したものは誰もいなかった。なおもオーブを継子《ままこ》扱いしているマルヌは、その子の「入会」を許したことを憤慨していた。逆にオーブは「第二地域」が事実上「第二級」、つまりはより劣るワインを意味しているということにいらだっていた。

さらに重要なのは、これが一時的な妥協にすぎないことを誰もが実感していたという点である。シャンパーニュを分断し、この地方を内戦寸前にまで追いやった問題がいまだに何ひとつ解決していないことは周知の事実だった。大半の人間が、政府は次にやるべきことを模索するあいだの時間稼ぎをしているだけではないかと思っていた。そしてその考えは正しかった。法作成者たちはこれ以上の審議は一九一三年夏まで催されないだろうと発表し、皆がひどくがっかりしたのである。だが、慎重に事を運ぶには、やはりそれなりの理由もあった。シャンパーニュの呼称問題で最終的にいかなる解決策を提案するにせよ、それはフランスの他のあらゆるワイン生産地に影響を及ぼすだろうということを、当局は鋭く見ぬいていたのだ。

だが彼らが十全に理解していなかったのは、シャンパーニュにおける古くからの対立はどれもいまだくすぶり続けており、いつ不意に再燃しても不思議ではないという事実だった。

この状況がいかに危ういものかをより強く意識していたのは大手のシャンパンメーカーである。彼らはただちに委員会を組織し、ブドウ生産者が公正な価格でブドウを売れるよう手配した。さらに不正行為に断固として反対し、代理人制度の悪弊を除く手段を講じた。

オーブの生産者にとってそれだけでは充分ではなかった。何週間、何か月と経つにつれ、彼らの不満はどんどんつのってきた。「俺たちはまるで私生児みたいな扱いを受けている」。あるブドウ栽培者は大多数の感情を要約してこう言った。

一九一三年には怒りの抗議がほとんどオーブ全域で燃えあがった。「われわれは勝利の日まで前進し続けるだろう」と栽培者たちは誓言した。「シャンパーニュか革命か！」の叫びがあがる。ある村では、抗議者たちが掲げた看板を取り外そうとした警官を「彼らは側溝にたたき込んだ」と翌日地元の新聞が報じた。

税金の不払い運動も始まった。「税金？」あるブドウ栽培者はあざ笑った。「やつらが俺たちに税金を払わせたいなら、第二地域用の税金を払ってやるよ」

不安をつのらせながら抗議行動を見守っていたパリの政府をもっとうろたえさせたのは、いまやデモ参加者の多くが手にしているドイツ国旗だった。さらには「ドイツ万歳《ヴィーヴ・ラルマーニュ》、プロイセン万歳《ヴィーヴ・ラ・プリュス》」の看板もあった。フランス東部に対する不穏な動きと、「ドイツは世界の大国となる」という皇帝ヴィルヘルム二世の宣言を考えたとき、このような感情の動向は政界全体を震え上がらせるものであった。政府は今度こそ、二年前に約束した法案の早急な可決が避けがたいと感じた。

一九一四年の夏に、法作成者たちはついにすべての陣営に受け入れられると思える法案を提出した。だがフランス国会の両院がそれを採決する前に、作業はひとつのニュースによって中断された。サラエヴォでセルビアの国家主義者が、オーストリア皇太子フランツ・フェルディナント大公夫妻を射殺したのである。

第一次世界大戦が始まった。

第六章　血に染まる丘を登って

ポメリー・エ・グレノのカーヴ主任の息づかいは荒かった。このメゾンの屋上に続く螺旋階段の登りはきついが、眺めはそれだけの価値がある。すぐ北にはポメリーの主要な二つのブドウ畑、クロ・デュ・ムーラン・ド・ラ・ウスとクロ・ド・ラ・ポンパドゥールが広がる。東には四十年前にルイーズ・ポメリーが珍しい樹木や灌木を植えた庭園。はるか南には、空気の澄んだ日なら、モンターニュ・ド・ランスと呼ばれる地域のブドウの木が繁る斜面をかすかに望むことができる。一・五キロほど西には壮麗な大聖堂のそびえるランスの中心街がある。

しかし、アンリ・ウタンをポメリーの屋上に引き寄せたのは景色ではなかった。北方からは、嵐が近づいているときの遠雷のような低い轟きが聞こえる。地平線の向こうのどこかで、ドイツの七つの軍の総計百五十万人がうごめいているはずだ。まさに史上空前の兵力である。

フランスとドイツが互いに宣戦布告をしてから三週間が過ぎた。いま、地平線をじっくりと眺めたウタンは、敵が視界に入ってくるのもそう遠くないことを知った。

だがシャンパーニュでは、不安を感じている者は少ないようだ。八月三日に宣戦が布告されたとき、人々は熱狂的な反応を見せた。駅は、召集を受けたばかりの、戦いに行きたくてうずうずしている若い男たちであふれかえった。家族や恋人が小旗を振り愛国歌を歌いながら、彼らに激励の言葉を贈った。一八七〇年に起きたことを忘れたかのように、ほとんどすべての人が、フランス兵士の情熱と勇気はドイツの火力を打ち負かすに充分だろうと考えていた。「連中はクリスマスまでには帰ってくるよ」というのが巷での合い言葉だった。ことによったら木の葉が落ちる前かもしれないと言う者さえいた。

ブドウの収穫がわずか数週間後に迫っていることを思えば、それは確かにシャンパンメーカーの期待でもあった。この夏は記憶にある中ではとびぬけて素晴らしく、栽培者の言う「あぶられるような太陽」がブドウの完熟を約束していた。

しかしながらこの国の楽観ムードは、八月の半ばには既に変わりはじめていた。フランス軍はドイツの火器による容赦ない猛攻にあえいでいたが、月末になるとフランスの攻撃態勢は崩壊してしまった。うち続く血なまぐさい戦闘で十六万人のフランス兵が戦死し、部隊の編成はドイツの圧倒的な火力によってずたずたにされた。

皇帝《カイザー》の軍隊が進軍を開始したその瞬間から、何ものもその前進を止められなかったのである。ルクセンブルクが降伏し、ベルギーもそれに続いた。そのドイツ軍が南へ向きを変えてフランスとベルギーの国境を越えてシャンパーニュに侵攻してきた頃、彼らの残虐行為のニュースが聞こえてきはじめ、国境のこちら側に暗い影を投げかけた。ベルギーのディナンで子どもを含む六百人の男女が町の中央広場に集められ、射殺された。「ベルギーのオックスフォード」と呼ばれる小さな大学都市ルーヴァンでは、ドイツ軍は千戸を超す建物に火を放った。その中には有名な図書館も含まれており、三万冊の書物に加えて、はかりしれない価値をもつ手稿や中世の絵画が焼失した。

八月三十日の日曜日、アンリ・ウタンはもう一度ポメリーの屋上にのぼった。「嵐」は――と彼は日記に記している――今にも彼らの頭上に襲いかかろうとしていた。

> 初めて一日中大砲の轟きが聞こえていた。駅は人であふれている。昨夜はランスきっての良家の人々が駅前で野宿した。駅の前庭には、そこらじゅうに犬や子どもがうろうろし、旅行鞄が散らばっていた。誰もが町を出ようとしている。[1]

同じ日、ウタンはポメリーの社長に呼ばれて異様な仕事を手伝わされた。

> 今日の午後、われわれはムーラン・ド・ラ・ウスの隣の畑に五万フランの金貨を埋めた。この財宝はうちの使用人への支払いと、応召した使用人の家族の援助に充てるためのものだ。これからは毎週金曜の夜ここへ来て、みんなの必要とするだけの額を掘りだすのだ。

ウタンの日記の一部は何年ものちにポメリーの書庫で見つかった。それはシャンパーニュの歴史におけるきわめて決定的な瞬間の、珍しくも強烈な様相をかいま見させてくれる。

> 九月二日水曜日。苦悶の一日！　東の方に砲火が見える。一日中フランス軍はいくつもの橋を爆破していた。われわれは孤立した。新聞も、手紙も、電話も電報も来ない。ランスは敵の前に投げ出された生け贄だ。

ドイツ軍の攻撃を食いとめるために数千のフランス兵がシャンパーニュに送られていたが、その多くはシャンパンメーカーの巨大なカーヴに宿営していた。いま、ランスの町の南で新しい守備配置につくため、兵士たちは突然撤退をはじめたのだ。ウタンは実に悔しかった。フランスの部隊はランスをドイツ軍の前に無防備で置き去りにしたばかりか、彼のカーヴに宿泊した千五百人の兵士にいたっては何百本ものシャンパンを持ち逃げしたのだ。

翌朝早く、ランス市長は布告を出し、市民に平静を保つよう呼びかけた。「ドイツ軍は私たちの戸口に迫り、いまにも市内に入ってこようとしている。私はみなさんに、いかなる挑発行為も避けるようお願いする」と彼は言った。「この状況を変えようと努めるのはあなたがたのなすべきことではない。なすべきは彼らを怒らせないことなのだ。どうか静かに、威厳をもって、思慮深く行動してほしい」

昼少し前、ドイツ軍はランスに入ってきた。彼らは捕虜にしたひとりのフランス兵を連れていた。市役所へ案内させるためである。だがその兵士はランスに不案内だった。ドイツ軍が誤って市電の営業所にたどり着くと、群衆が彼らをからかった。そこで軍はひとりの市民を捕まえて、市役所へ案内させた。ところが今度彼らが着いたのは劇場だった。群衆のあざけりの声はますます大きくなり、うろたえたドイツ兵たちはついに怒りだした。

だがようやくにして彼らは目的地にたどり着き、ランスはいま占領下に置かれたと通告した。それは厳粛な瞬間だった、とウタンは振り返る。だがそれでも、「われわれは連中の災難を笑わずにはいられなかった。人は悲しいときでも笑えるものだ」。

しかしその笑いは長くは続かず、ウタンが「強烈な銅鑼の音」と称したものによって中断された。「銅鑼」は実は窓の砕ける音だった。ドイツ軍の大砲が町に向けて火を吹いたのだ。愚弄されて度を失ったドイツ軍は、ランスの住民にどちらが支配者かを思い知らせようとしていた。

砲弾の雨に市民たちは先を争って防空壕へ逃げこもうとしたが、なかでも多くの人がポメリーのそれを目ざした。

みんなすっかり慌てふためいた様子で駆けてきた。そして実にたくさんの子どもが！　彼らが近づいてくるとき、爆弾が三発、うちの建物に落ちた。それから間もなく、何千もの人がうちのカーヴの暗闇にうずくまっていた。ローソクの明かりは乏しい。怪我をした女が運ばれてくる。胸をしめつける光景だ。大勢の人が声に出して祈っている。みんな、これが自分たちの最後だと思い定めている。


砲撃は三十分後に止んだ。被害状況を調べるためにウタンらは用心しながら地上に出た。数人の死者があり、大聖堂近辺の建物数戸が破壊されていた。大聖堂そのものは無傷だったが、それには充分な理由があった。「砲手たちには、その建物に損害を与えないようにとの正式命令が出されていたからだ」とドイツ軍の指揮官は言った。

彼らの目的はできるかぎり速やかに平穏を取り戻し、市民感情を常態に復帰させることだった。商店や工場は仕事を再開するよう命じられた。市民たち、特にシャンパン生産者は、通常の業務を遂行するように言われた。同時に、兵士たちには、シャンパンの生産や販売業務を乱すようなことはいっさいしてはならぬという厳命が下された。

これらの命令はおおむね守られた。いくつかのちょっとした事件はあったものの——最も深刻だったのは、兵士たちが言い寄ってはねつけられた女性の家を焼き討ちしたというもの——一般に軍隊はきちんと振るまっていた。シャンパンさえ金を払って飲んだし、その代金をドイツ金貨で支払わねばならないときは詫びを言った。もっと重要なのは、シャンパンが貴重な資源であることを認識し、ブドウ畑には手を出さなかったことだ。「ドイツ軍は勝利をあまりに強く確信していたので、われわれのブドウ畑をすでに自分たちの領土と考えていたのだ」と、あるブドウ栽培者は言った。

アンリ・ウタンによれば、大半の人々は二、三日で「ドイツ軍の角《つの》のついた鉄兜に慣れてしまった」。私たちを征服した連中はちっとも傲慢ではなかった。ときには子どもたちが彼らを取り囲んでその武器で遊んでいるのを見かけることもある。兵士は子どもたちに甘いものを与える、おそらくベルギーで略奪したものだろうが。たいがいの将校たちは親しみやすく、住民に友好的である場合が多い。

しかし、ランスの翌日に占領された近隣の町エペルネでは、情勢は緊迫していた。なおも続いている激烈な戦闘に家を追われた多くの避難民が周辺から押しよせるいっぽう、市民たちは逃げだそうとしていた。混乱に拍車をかけたのは、県知事や、警察および消防の署長も含めたほとんどすべての公僕が、市の全財産を持って逃げてしまったという事実だ。ただひとり残った役人はモーリス・ポル＝ロジェだった。彼は大手シャンパンメーカー、ポル・ロジェ社の社長であるばかりでなく、エペルネの市長を務めていた。

ドイツ軍がやってくる前、彼は職務にとどまることを誓っていた。「私は町を出たくても出られない人たちを励まし、安心させるために、何があろうとここにとどまる。そして彼らを守るために人間の力でできる限りのことをやるつもりだ(2)」

彼の誓約はまもなく試練にさらされる。ドイツ軍は、町の秩序の維持を彼に期待すると通告し、いかなる不祥事も彼個人が責任をとるべきであり、処理に失敗すれば死に値すると告げた。一人の兵士が狙撃されたとき、ドイツ軍はその脅しを繰りかえし、直ちに責任者を差し出さなければ、おまえを処刑するとモーリスに警告した。市長は情報をくれるよう市民に要請したが、その結果、〝襲撃者〟は兵士本人であることが判明した。誤って自分の足を撃ってしまったのだ。

それでも、ドイツ軍は市長に対する圧力をゆるめなかった。その後三回にわたって、彼らはモーリスを銃殺隊の前に立たせると脅した。一度は、彼が市内のガスと電気の供給を止めることでドイツ軍の作戦を阻止しようとした罪で、また一度は、ドイツ軍が徴発した塩漬け肉がきちんと引き渡されなかったときに。またあるとき、彼らはモーリスを人質に、莫大な額の罰金を支払わなければ町を焼き尽くすと脅迫した。

他の役人たちが市の金庫から有り金残らず持って逃げてしまっていたので、ポル＝ロジェは自分の所持金に数人の友人からの援助を加えて、その罰金を支払った。さらに彼は、財源のないエペルネで市の職員の給料や市への請求書の支払いをするために手形を印刷させ、その一時的な流通を自身の金で保証した。公金なしで市民が生きぬくにはこれしか方法がない、だからこの引き受けを拒否するものは逮捕する、とモーリスは言った。エペルネの人々や商店はむろんこの市長の手形を受け取った(3)。

シャンパーニュの二つの主要都市の占領はドイツ軍にとって休止の時間だった。ひと息入れ、物資を補給して、大きな標的――パリへ向かうのだ。「もしわれわれにお国のような兵士たちがいれば、もうあそこに到達しているはずですがね」ある将校がアンリ・ウタンに打ち明けた。「お国の兵隊はわれわれのよりも優秀です。だが装備があまりに悪い」

しかし、フランス軍は再編成され、いまや戦争が始まったときよりも士気が高まっている、とウタンは記している。

おそらく形勢は変わりつつある。かつてわれわれの苦しみだったたえまない弾幕砲火が、いまやわれわれの希望だ。

この希望はしかし、退役から呼びもどされたひとりの老兵にその多くを負っていた。ビスマルクがパリを破壊すると脅した一八七〇年の時と同じようにフランス政府はボルドーに逃れていたが、ジョゼフ・ガリエニ将軍はその政府から、パリを〝石の一個まで〟守りぬけという命令を受けていた。

皇帝の軍隊がまもなくフランスの首都を包囲することになるだろうと考えたガリエニは、めまぐるしく移動しながら、街の周囲に防衛戦を築くよう叱咤してまわった。市民の三分の二が避難してしまっていたので、将軍は残った強壮な男子をすべて徴用して作業を行なった。次いで彼は、セーヌ川にかかるすべての橋の下に爆破装置を仕かけるよう命じた。

それだけではない。多くのパリジャンを驚かせた作戦の中に、ガリエニはエッフェル塔の破壊計画まで織りこんでいたのだ。フランス革命百周年を記念し、高まる楽観主義の象徴として二十五年前に建設された塔は、いま軍の精密な通信システムを収容しており、ガリエニに言わせれば、敵の手中に落ちることは許されないものだった。

しかしドイツ軍はまさにマルヌ川を渡り、パリからわずか三八キロの地点にいた。これを押しもどすためにフランス軍は是が非でも増援を必要としていたが、ここでガリエニはもうひとつの手を打った。タクシーを呼んだのだ。もっと正確に言えば、彼は千台を超えるタクシーを呼んだのである。列車はすでに軍が最大限に利用していたので、パリの六千人の守備隊を前線に送る唯一の手段がタクシーだった。「マルヌのタクシー部隊」として知られるようになるこの車の群れは、九月六日の真夜中近く、廃兵院《アンバリッド》の前に集まりはじめた。翌日、一台のタクシーに四、五人ずつの兵士を乗せて部隊は出発した。「前線に着くまでは快適な旅だった。そのあと、すべてが実にひどいことになった」ある兵士は語っている。(4)

アンリ・ウタンと数人のブドウ栽培者は、ポメリーの屋上からマルヌの戦いの展開を見守った。

九月十二日。忘れることのできない壮大なショーだった。広野での大戦闘をかぶりつきで観たのだ！火焔が吹き出た。大砲の撃ち合いが始まったようだ。ドイツの歩兵は後退しながら、ときどき止まって伏せて打ち返した。明らかにフランス軍が優勢だ。われわれの気持ちは高ぶっていた。あんまり興奮したので昼飯を食べるのを忘れたくらいだ。

その日の午後四時、ポメリーの監視台にいたひとりのドイツ軍指揮官が、各カーヴに宿営中の部隊に即時撤退の命令を大声で叫んだ。それがあまりに突然で、またあまりに厳しい声で告げられたので、ウタンと仲間たちは仰天した。だが軍隊が家々を離れ、兵士たちの長い列が町をあとにしたとき、カーヴ主任は占領が終わったのだと悟った。

昼飯は忘れたかもしれないが、この歴史的瞬間を祝うのは忘れない。仲間のひとりがカーヴに走り、一九〇六年のポメリーのマグナム瓶を持ちだした。

翌朝、ランスとエペルネが占領されてちょうど一週間強で二つの町は解放された。祝賀の宴がすぐさま催された。

大通りは人であふれている。大勢の人が喜びと感激の涙を流している。早起きした町の人が、きのうの戦場から武器や角のついた鉄兜などの記念品を持って帰ってきた。いい値段で売ろうというのだ。

フランス軍が町に入ってくると、人々は兵士たちにキャンディやパンや果物を投げた。金を投げる者さえいたくらいだ。さらにはシャンパンのグラスが差しだされた。シャンパングラスといえば、ドイツ軍の司令本部に使われていた市役所のテーブルに、飲みかけのグラスがいくつも残っていた。敵がいかにあわてて出発したかを証すものだ。

それは奇蹟だった。「マルヌの奇蹟」と人は呼んだ。地元紙にドイツ軍の退却を描いた一枚の漫画が載った。シャンパンの瓶が大砲のように据え付けられ、逃げていくドイツ兵の背中にコルクの砲弾が浴びせられている。

その絵の見立ては確かに的を射ていた。あるフランス兵は回想している。実は自分たちが勝ったことは「戦場で放棄された銃や未使用の弾薬の山を見るまでは」ぴんと来なかったと。「だがいちばん驚かされたのは、戦場をおおいつくした信じられない数のシャンパンの空き瓶だった。この土地のカーヴから略奪されたものだ」。見わたすと何十台ものドイツ軍トラックも放棄されているが、そのタイヤは投げ捨てられて割れた瓶のせいでパンクしていた。

その後、前進したフランス軍はさらに驚くべきものを目にした——どぶの中や道の脇に倒れているおびただしい数のドイツ兵の体。だがそれは死体ではなかった。ただ死んだように酔いつぶれているのだ。何千人もが捕虜になった。「われわれは連中をブドウみたいに摘んでいったよ」ある将校は言った。「シャンパンは自分がフランスの勝利に大切な役割を果たしたと主張してもいいんじゃないかな。シャンパンこそわれらが最重要同盟国だ[5]」


しかしこの高揚感は長続きしなかった。フランスの勝利は多くの人がそう思いこんだようなとどめの一撃ではなかった。「われわれはみんな『ドイツ野郎《ボシュ》は行っちまった、戦争は終わった』と言っていた」。あるランスの住人は語る。「だがボシュは行ってはいなかった。連中はただ町を出て、まわりの丘陵地帯に塹壕を掘って身を隠しただけだった。戦争は終わっていなかった。まだ始まったばかりだったんだ」

だがなんという破滅的な始まりだろう。この戦いだけで二十万人のフランス兵が死んだ。前の月には十六万人が死んでいる。連合国のイギリスも六万以上の死傷者を出している。彼らが大陸に送った兵力の半分以上だ。いっぽうドイツ軍のほうは二十五万人に近い犠牲者を出していた。

第一次世界大戦は、ある意味では四十四年前に始まった戦争の続きだと言ってもよい。フランスはいまも一八七〇年のアルザス＝ロレーヌの割譲を悔やんでいた。ある新聞は書いた。「四十四年前にフランスから引きはがされた一片の領土は、いまだに癒えない傷跡である」。フランスはまた、ドイツの軍事力と工業力の増大に怯えていた。

いっぽうドイツは、フランスがロシア、イギリス、セルビア、イタリアとともに構築した連合国の包囲網にかけられたと感じていた。ドイツはまた、フランスの威信や普仏戦争後の復興能力に嫉妬してもいた。ドイツの指導者たちは、パリがいまなお、フランスが支配するヨーロッパ合衆国の創設というナポレオン的野心を抱いていると確信していた。

ドイツによるフランス侵攻は、さらにもうひとつ別の要因につき動かされていたのかもしれない。多くのシャンパーニュ人が、ライン川の向こうの隣人はこちらのブドウ畑をひどく欲しがっているに違いないと思っていた。それは、二番・三番絞りのブドウ果汁を買いに定期的にシャンパーニュにやってくるドイツ商人の流れを見て生まれた確信らしかった。ドイツではその果汁であの国独自の発泡ワイン、ゼクトをつくるのだ(6)。

この確信と、ドイツの野心に対する根深い恐怖心は、早くも十七世紀にシャンパーニュ生まれの寓話作家ジャン・ド・ラ・フォンテーヌが次のように書いたときからはっきりしている。「われらの土地のワインがドイツ人によって汚されるのを見るよりは、トルコ人がここで布教活動するのを見るほうがましだ」

第一次大戦が始まったとき、もうひとりのシャンパーニュ人がこれをもっとあからさまに表現した。作家のシャルル・モロー＝ベリオン曰く「われわれの美しいブドウ畑を手に入れれば、それは彼らの全業績の総仕上げになるだろう。大侵攻から小規模な侵入まで、何世紀にもわたってゲルマンの群れを引きつけたのは常にわれわれのワインだった。彼らはおそらくわれわれ以上にわかっていた。そこにどれほどの富が関わっているか、そしてシャンパンがどれほど文明の力を具現しているかを。われわれの名高いワインはこの惑星上のあらゆる地点に運ばれる。われわれフランス人の特性として知られる喜びや陽気さや優雅さといっしょに。ドイツ人はこういうことをすべて変えたいのだ。チュートン人（本来はエルベ川の北に住んだゲルマン民族の一派だが、広くはゲルマン人あるいはドイツ人をさす）のこぶしの中でわれわれの幸福の理想像を握りつぶしたいのだ[7]」。

ランスの人々が解放を祝ってから二十四時間も経たない九月十四日、このこぶしは荒々しい力で閉じられた。わずか六キロしか離れていない尾根の上に据えられたドイツ軍の大砲が火を吹き、住民やブドウ摘みの労働者たちは隠れる場所を求めて逃げまどった。ランス近郊のあるシャンパン生産者は、〝爆弾の雨〟のために数百人が彼のカーヴで夜を明かさなければならなかったと回想する。

三日後、砲撃がさらに激しくなると、使いがヴーヴ・ビネのシャンパンメゾンに助けを求めに来た。近くの病院が爆撃され、三十人以上の負傷兵が避難を必要としているという。このメゾンの社長シャルル・ワルファールが現場へ飛んでいくと、恐慌をきたしている修道女たちが彼にカーヴを指さした。そこで別の砲弾が爆発したばかりだった。「私は血の海に見えるところに足を踏み入れた」彼は言う、「だがそれは粉々になった樽から流れ出したワインだった。そのあと私は何かにつまづいた。同行していた男がマッチを擦ると、それはりゅう散弾にやられたひとりの修道女の死体だった。もう少し進むと、もうひとりの修道女の死体があり、さらに行くと、崩れた石の下に三人目を見つけた[8]」。

しかし、はるかに大きな悲劇が始まろうとしていた。二十四時間後、ランスの大聖堂が炎に包まれたのだ。午前八時半頃に最初の砲弾が着弾し、大聖堂の階段に座っていたひとりの乞食が殺された。第二弾は大聖堂のファサードを飾る彫像のうちで最も有名な「微笑みの天使《アンジュ・オ・スリール》」像を粉砕した。

砲弾の雨は降りつづけ、聖堂内にいる司祭たちは宗教美術の至宝を救おうと走りまわった。ドイツ側は、フランス軍が大聖堂の塔のひとつを監視所に使っていると主張したが、この非難は声を大にして否定された。フランスの大司教はローマ法王に緊急の手紙をしたため、砲撃を非難してほしいと懇願した。法王ははっきりした意見を表明しなかった。

砲撃をやめさせようと努力を重ねていた司祭たちは、大聖堂の礼服で間に合わせの赤十字旗を縫いあげ、中のひとり、ロベール・ティノ神父が一本の塔のてっぺんにのぼってそれを垂らした。だが無益だった。ドイツ軍は砲撃を続けたのである。

大聖堂の一部は、フランス、ドイツ双方の負傷兵のための診療所に転用されていた。「それは身の毛のよだつような光景でした」負傷兵の世話をした司祭のひとり、ルイ・アンドリュー神父は語った。「負傷者たちは大声で叫びはじめました。歩ける者たちは争って柱の近くの防空壕に入ろうとします。歩けない者は腕を使って体を引きずるように進むか、運んでくれと哀願しました。爆弾はそれほどひっきりなしに降ってきたのです」

アンドリュー神父とティノ神父はもう何年も大聖堂の職員を務めていた。大聖堂への彼らの深い愛慕の念は、ドイツ軍がこのフランス屈指の歴史的建造物を蹂躙しているあいだに二人が書きつづけていた日記に表われている。

「小尖塔から石の塊が落下しはじめると」アンドリューは書いている、「負傷兵たちの悲鳴が大きくなった。だがその音は、巨大な建物の内部にこだまする爆発音にかき消された。煙と埃があらゆるものをおおい隠した」。

大聖堂はたいせつなシンボルだった。ここではフランスの国王や王妃の戴冠式が行なわれてきた。後世のある歴史家によれば、ここは「皇帝たちがつくり出された」場所である。ドイツ側には、大聖堂の破壊がフランスの士気に痛烈な打撃を与えることがわかっていた。

翌朝五時、ミサが執り行なわれているさ中、ドイツ軍は砲撃を再開したが、今回のそれはさらに激しさを増していた。「この巨大な均質の石の塊が怒りで激しく身を震わせた」。ティノ神父は回想している。「爆弾が命中するたびに、大聖堂は殴打されてうめき声を上げているように思えた」

午後遅くになると焼夷弾が落ちはじめ、負傷兵を寝かせるために床に敷いていたわらに火がついた。改修作業用の足場も燃えはじめた。「それからすぐに、支柱から外れたいくつかの鐘がすさまじい音を立てて落ちてきた」とアンドリュー神父は書く。「枠の鉛が溶けて壮大な薔薇窓が外れ、がらがらと崩れ落ちてきたが、われわれは間一髪で飛びのくことができた」

炎がめらめらと屋根の方へ這いのぼっていったとき、アンドリューたちは大急ぎで残った御物をかき集めた。戸棚を引き開け、王たちの聖別式に使われた工芸品をふだんは埋葬式に使われる担架に投げ入れた。

いまや熱はすさまじいものになり、大聖堂の屋根を作り上げている三トン半もの鉛が溶けはじめて、あらゆる彫像やガーゴイルが不気味な鍾乳石に姿を変えた。「突然、巨大な骨組みがこなごなに吹っ飛んだ」アンドリューは言う、「強烈な熱を放ち、身廊内部に溶けた鉛の奔流とはじけ飛んだ梁《はり》の滝を吐き出しながら」。

ドイツ人負傷兵は外に出してくれと懇願したが、守衛はドアを開けようとしなかった。外に集まっている怒った群衆が彼らに襲いかかるのを恐れたためだ。アンドリューとティノ両神父が狂ったように訴えた結果、ようやく守衛は折れた。だがそのとき、風が強まって炎を煽り、火の粉と燃えがらをシャワーようにまき散らして近隣の建物が燃え上がりはじめた。

大聖堂そのものは夜どおし燃えつづけ、その炎は数マイル先からも目にはいる不気味な輝きを放った。

朝を迎える頃にはほとんど何も残っていなかった。大聖堂の周辺一帯は黒こげの廃墟と化していた。住宅を含む四百戸の建物が全焼した。大聖堂について言えば、屋根も、優雅な彫刻も、美しいステンドグラスの窓も失われたそれは、もはやくすぶる骸骨でしかなかった。残ったのは四方の壁と二本の塔、そしてその塔に巣をかけていた鳥たちだけだった。

ティノ神父が忘れることができないもの、それが鳥たちだった。「実にたくさんの鴉や鳩が砲弾の爆発で空に放り出され、夜どおし、そして砲撃の翌日も一日じゅう大騒ぎしていた。いま鳥たちは教会の残骸のまわりを際限なくぐるぐる飛びまわっている。何が起きたかもわからぬまま」

何が起こったかは誰にも理解できなかった。

大聖堂への砲撃に世界中で怒りの声がまき起こった。だがドイツ軍にとってこれは手はじめにすぎなかった。その後三年半のあいだ、ランスは千五十一日間連続で仮借ない砲撃にさらされることになる。市の九八パーセントが破壊され、四万戸の家のうち、残ったのはたったの四十戸というありさまになってしまうのだ。ランスはもはやかつてのランスではなくなるだろう。

ランスは「殉教した町」として世界じゅうの人々に知られるようになる。(9)

その九月の殺戮のさ中に、希望を与えるものがまだひとつだけあった。明るい陽光の輝く日が続き、ブドウが完璧に熟したのだ。

一九一四年の収穫には多くのことがかかっていた。世紀の変わり目以後、豊作の年は実のところたったの一度しかなく、それは三年も前のことだった。シャンパンの在庫は払底し、いまや多くのカーヴは空っぽになっていた。シャンパンの需要はあいかわらず多かったが、ほとんど商品がないのだから、応じるすべはなかった。来たるべき収穫が自分たちを救ってくれることを誰もが祈っていた。

しかし同時に、それがたやすいことではないと誰もが知っていた。若い男の大半は軍隊に行っていて、ブドウを摘みとるのは残された女と子どもと年寄りだけだ。馬は徴発されているので、ブドウを圧搾場に運ぶのが特に難題だった。加えて樽も払底しており、また誰も、特にブドウ栽培者は金を持っていなかった。通信手段も最悪の状況で、電話や電報は軍隊専用になっていて、ブドウ栽培者とシャンパンメーカーが互いに連絡をとり合う方法がなかった。

こういった問題をモーリス・ポル＝ロジェほどよく理解している人間はいなかった。父が死んで、彼と弟のジョルジュが名高いシャンパンメーカーの経営を受け継がなければならなくなったとき、モーリスは三十歳だった。その二か月後の一九〇〇年二月二十三日、彼のところのカーヴの地盤が突然陥没し、百五十万本のシャンパンと、シャンパンになるはずだったワイン五百樽が割れた。これは会社を倒産に追い込みかねない莫大な損失だった。ニューヨークのある新聞は報じた「エペルネの事故で、百五十万人分の頭痛が減るだろう」。新聞はさらに、この〝巨大な陥没〟がよその建物を倒壊させ、近隣の道路に亀裂を入れたと書いている。災害の原因は、この地域の白亜質の土壌の脆さに帰せられた。

他のシャンパンメーカーが援助に乗りだし、ポル＝ロジェに、貯蔵場所や自社の圧搾設備の使用、さらには業務継続の助けになる金銭の提供まで申し出た。だが、こういった援助があっても、第一次大戦勃発の時点でポル・ロジェ社は完全に立ち直ってはいなかった。ジョルジュは社の経営をモーリスひとりに託して応召した。

主たる問題は、ブドウ畑からシャンパンメーカーまでのブドウの輸送だった。通常これはブドウ栽培者の仕事だが、戦争のために不可能になっていた。モーリスは腹をくくった。ブドウがワインメーカーに来られないなら、ワインメーカーがブドウのところに行くしかない。

彼の指揮の下、樽や圧搾機を含むワイン製造器具が、あちらのブドウ畑からこちらのブドウ畑へと運搬されていった。新ワインは一次発酵のあいだブドウ栽培者のところに預けられ、爆撃が小康状態を見せればいつでもシャンパンメーカーのカーヴに運ばれて、そこで残りの作業行程をこなすことになる。

この運搬作戦は軍事行動なみの難しさになった。行程を容易にするため、ポル＝ロジェは走り手と自転車乗りのチームを組織した。彼らは村から村へと走っていって、いつ樽や器具が到着するかをブドウ栽培者に知らせる。走り手たちはまた、特に助けを必要とする人がいないかどうかを訊いてまわる。もし誰かが金銭的に困っていれば――そしてたいていの人が困っていたのだが――、モーリスは自分のポケットを探るのだった。

エペルネ周辺のブドウ農家やワイン生産業者はおおむねドイツの大砲の射程外にあったが、彼らは新種の戦争に耐えなければならなかった。ドイツの飛行機がいつなんどき空から急降下してきて――それもおそろしく不規則にやってきた――、下で働いている人たちに爆弾を落とすかわからなかったのだ。

さらにもうひとつ別の心配もあった。多くの人が、ドイツ軍が戻ってきて再びこのあたりを支配するのはたんに時間の問題だろうと思っていた。モーリスが摘み取りを例年より二週間早い九月二十一日に開始すると決めた理由はそれだった。モーリスはひどい間違いを犯したと考える者もいた。彼らに言わせれば、ブドウはまともなワインをつくるにはまだ青すぎるし酸味が強すぎた。しかしモーリスはまったく異なる考えを持っていた。「一九一四年物は勝利とともに飲むべきワインとなるだろう」彼はそう予言した。

モンターニュ・ド・ランスの北側では状況はまったく違っていた。大半のブドウ畑がドイツの大砲の充分な射程内にあるこちらでは、摘み取りは爆弾の降る中で始まった。「爆弾のヒューという唸りや、ドカンという炸裂音で女たちは恐慌をきたしている」あるブドウ栽培者はそう語っている。「ブドウ畑で私たちがそばにいてやらないと、女たちは仕事を続けないと言うんだ」

前線に近いブドウ畑はどこも同じだった。中で最も近かったのがポメリーで、砲列からたった二、三百メートルしか離れていなかった。ここでは収穫は十月八日に始まったが、爆弾によってたびたび中断されていた。

ポメリーは何日か前にすでに砲火を浴びており、そのときは数発が事務所に落ちた。カーヴ主任のアンリ・ウタンは、被害を詳細に記録するのを手伝ってもらうために、ひとりの司祭を呼んだ。その聖職者は、あのランス大聖堂の破壊と鳥たちの苦しみについて感動的に記したロベール・ティノ神父だった。

ティノ神父とウタンがカーヴに入っているとき、猛烈な爆発で壁と床が揺さぶられた。おもてにとび出した二人の前に、たったいま爆弾で殺されたばかり十九人のフランス兵が横たわっていた。ブドウ畑に塹壕を掘っているところをやられたのだ。ほかに二十人以上が重傷を負っていた。「退避用意、砲撃は終わってないぞ！」フランス人部隊長が警告した。

兵士たちの大半がショック状態に陥っていた。彼らは召集されたばかりの補充兵で、誤って前線に送り込まれたのだった。ティノ神父は彼らを元気づけようと務め、「死者をすぐに埋葬しなければなりません」

と言ったが、兵士たちは地面を見つめるだけで動けなかった。ようやくのことで、神父はブドウの木のあいだに大きな墓穴を掘るよう彼らを説得した。

兵士たちの作業はのろかった。次の砲弾が近くに落ち、全員が地面に身を伏せた。結局墓穴を掘り終えるのにほとんど午後いっぱいかかった。だが悲しみのあまり麻痺したようになった兵士たちは、手足をもがれた戦友の死体を埋める作業にどうしてもとりかかれない。「あなたにお任せします、神父さん」部隊長は言った。「あなたにやっていただかないと」

近くの納屋から手押し車を見つけてきたティノは、ウタンの手を借りて犠牲者を穴のところに運びはじめた。二人がこのぞっとするような仕事を終えるのに二時間ほどかかった。

兵士たちが死者に別れの挨拶をしようと集まってくると、ティノ神父は話しはじめた。「悲しみはわれわれの心を締めつけます」彼は言った、「しかし彼らの魂はいま天に召されているのです」。ティノはひざまずき、犠牲者ひとりひとりに十字を切って神の加護を祈った。それからまわりのブドウの木の枝を折り、兵士たちに手わたした。「さあ、お別れをなさってください」司祭は言った。

兵士たちは一人ずつ墓穴に歩みよった。目に涙を浮かべ、ひざまずいて穴の中にブドウの枝を置いた。最後の言葉を述べたのは部隊長だった。「われわれはあまりに多くの人員を失った、このような辛い犠牲を払った。いまわれわれが望むべきもの、祈願すべきものは、戦いの終結だ」

そのあとティノは、犠牲者の名を刻んだ木の十字架を地面に打ちこんだ。

これは彼のランスにおける最後の勤めのひとつになった。数週間後、ティノ神父は軍隊付きの僧として応召した。彼が命を奪われたのは、戦場で臨終の兵士を看取っているさ中だった。翌年の三月十六日のことである。

一九一四年のブドウ摘みは命がけだった。多くの女性と少なくとも二十人の子どもが命を落とした。手伝いをしていた兵士たちも何人かが砲撃で死んだ。

だが砲弾が降りそそぎ、親しい人間が死んでいくのを目のあたりにしても、摘み取りは続けられた。これまであまりに惨めな収穫が続き、この年の収穫には大変な期待がかけられていたので、人々はブドウの取り入れのために生命を危険にさらすことを厭わなかった。一か月以上のあいだ、女も、子どもも、引退していた老人も――パリから来たワイン商たちまでが――血に染まった斜面を毎日骨折って上り下りした。

八月の初めには、収穫高は上質のワインにして四〇万キロリットルにのぼるだろうと予測されていたが、実際の収穫高はその半分以下に終わった。

その頃になると、誰もがもうひとつの予測も間違っていたことを知った。兵士たちはクリスマスに家に帰っては来ないだろう。あれほど電撃的な速さで始まった戦争は、いまや泥沼化していた。何百万人もの男たちが、七五〇キロメートルにおよぶ塹壕の中に身を伏せていた。スイスの国境から北海まで延びるこの線が、戦争の定義を変えることになるだろう。これまで長いあいだ、戦争は、勝者と敗者、開戦と終戦という形で考えられてきた。

しかしこの戦争は違っていた。血なまぐさい膠着状態に陥り、そこではたんに持ちこたえることが勝利になるのだった。前進もなく後退もない。兵士たちはこれを「塹壕の戦争」と呼んだ。

塹壕はシャンパーニュ地方を鋸歯のナイフのように切り裂いた。一帯をジグザグによぎり、ブドウ畑を分断して走っていたのだ。冬が来てその年も終わりに近づくと、シャンパーニュの白亜質の土壌はその塹壕を粘つく灰色の泥の地獄に変えた。あるフランス軍将校はこれを、全兵士のひとりひとりが立ち向かわなければならない敵だと言った。「それはおぞましいよだれを兵士に流しかけ、彼を四方から閉じこめ、うずめる。兵士たちは弾丸によって殺されるように泥に殺される、だがそのほうがもっと恐ろしい。彼らは泥に沈むが、もっとひどいことに、彼らの魂もそこに沈むのだ」

戦争のこの最初の五か月で死傷者は五十万人以上に達し、結果的に一九一四年は犠牲者の数において大戦中最悪の年になった。しかし、十二月になると、荒涼とした狭い帯状の中間地帯《ノー・マンズ・ランド》をはさんで対峙する両軍は疲弊しつくしていた。意味のない虐殺と膨大な数の生命の損失によって無感覚になった兵士たちのほとんどが、もはやなぜ自分たちが戦っているのかわからなくなっているようだった。戦争の大義名分は失われ、まさに多くの景色と同様、いまや晴れることのない冬の霧に包まれてしまった。

十二月二十四日の夜、連合軍の兵士たちは、対面している塹壕に輝く明かりを見て驚いた。それから音楽が聞こえてきた。ドイツ兵の歌うクリスマス・キャロルだった。

兵士たちはそれをどう受けとめたらいいのかわからなかった。しかし、ドイツ兵の歌がやむと、連合軍の兵士たちは、最初はおずおずと、自分たちの国語で歌を返しはじめた。その声が大きくなったとき、霧の中から幽霊のような人影がひとつ現われ、ゆっくりとこちらに近づいてきた。ドイツ兵だった。小銃のかわりに、飾りをつるした小さなクリスマスツリーを打ち振っていた。

数秒後、兵士たちは銃を捨て、彼を迎えに塹壕をとび出した。ドイツの部隊も同じだった。やがて、あれほど多くの血が流された不毛の土の上で、皆が握手をし、抱き合い、キャンディや煙草を交換し——

シャンパンで乾杯していた。

クリスマスの朝になると、彼らは笑いながらサッカーを楽しんでいた。「素晴らしい日だった」。ある兵士は回想する。それは「クリスマスの小さな奇蹟」と呼ばれた。

だが、両軍の司令部に奇蹟は起こらなかった。まもなく将軍たちは、部下に塹壕に戻るよう命じた。

翌日、殺し合いが再開された。

第七章　地面の下で、砲火の下で

オーケストラがチューニングを終え、聴衆は席に急いだ。数秒後、多くの人に愛されているビゼーの『カルメン』の旋律が空気を満たした。このオペラ公演の驚くべき点は、それが地下三〇メートルで行なわれているということだ。ここはランスの大手シャンパンメーカーのカーヴの中である。[1]

ドイツ軍のうち続く砲撃によって、市民の大半が、シャンパンの備蓄を保管するクレイェールと呼ばれる巨大な石灰岩の洞穴に避難せざるをえなくなった。戦争の最初の五か月でランスの住民六百人が犠牲となり、四千戸の家が破壊された。市の不朽の記念建造物にして過去の栄光の象徴である大聖堂も、いまや黒く焼けこげた残骸と化している。ランスに降りかかった運命の不吉な証しであるかのように。

だがこれは始まりに過ぎなかった。一九一五年二月二十二日、ドイツ軍は再び砲火を開いた。さらに凶暴さを増した砲撃によって、ある目撃者が「鉄と火の雪崩」と呼ぶものが市街に降りそそいだ。その日一日で千五百発の砲弾が飛来し、地下のクレイェールへの市民の大規模な移住をうながした。

かつてローマの迫害から逃れた初期キリスト教徒の隠れ家だったこれらの洞穴が、二万人以上の人々の住居となった。瓶に詰められた命だけでなく、人間をも守る場所となったのだ。

もともとクレイェールは巨大な白亜の穴に過ぎなかった。それはローマの奴隷たちが道路建設とドゥロコルトルム（ランスのローマ時代の呼称）建造のために大きな石塊を切り出した地下の石切場跡なのである。

中世になると、修道僧たちは、これらの洞穴の涼しさと一定した温度がワインの貯蔵所として理想的だということを発見した。シャンパン産業の発展につれてクレイェールも拡張されていき、ついにはシャンパーニュ一帯の地下に蛇のようにうねる多層のトンネルと地下回廊からなる巨大なウサギ穴のようになった。その距離はおよそ四五〇キロに及んだ。

いま、砲撃のせいでランスはさかさまにひっくり返されたかのようだった。地表にあったすべてのものが突然地下に潜ったのだ——学校、教会、病院、そしてカフェ。市役所も警察や消防署とともに地下に移された。紳士服と婦人服の仕立屋、時計屋、靴直しも地下に店を出し、肉屋、パン屋、さらにはローソクづくりの職人までが軒を連ねた。(2)

そこはうす暗い、ほとんど超現実的な世界で、料理や洗濯から通勤まで、あらゆることがローソクと石油ランプのうす明かりの中で行なわれた。「いつも光を求めてました」ペットをつれて地下に潜ったある女性は言う、「でも小鳥たちは、まったくお陽さまを見なくてもさえずっていましたよ」。

だが、鳥の声だけが唯一の音楽ではなかった。演奏会があり、キャバレーや映画や生の舞台があった。歌手や男女の俳優は特別な誇りを持って地下の聴衆のために演技した。ヴーヴ・クリコのカーヴでは、戦いで重傷を負った数百人の兵士のために、何ケースものシャンパンが供される贅沢な晩餐会が催されたことがあった。兵士たちの一人はその模様を次にように語っている。「まだ足がある人間はダンスをし、鼻をなくした者たちでさえ、ふたたび温かい生気に包まれて、笑い、幸福だった(3)」

クレイェールの生活はあまりに風変わりだったから、ジャーナリストや政治家や外国の要人たちが、ここを訪れる許可をフランス軍当局にしつこくせがんだ。フランス大統領は何度か顔を見せたが、イタリア国王、ポルトガル女王、そしてアメリカ合衆国大使も同じだった。前線の状況が落ち着いていれば、訪問者たちはクレイェールの中を案内されたあと、ブドウ畑に建てられたトーチカに顔を出すこともあった。そこではまるで射撃場にいるような具合に小銃をわたされてこう言われた、「運試しはいかが。ドイツ野郎《ボシュ》を撃てるかどうかやってごらんなさい(4)」。

訪問者の中にポール・ポワレという男がいたが、彼の訪問理由はもっと真面目なものだった。フランス有数の服飾デザイナーであるポワレは、軍隊の新しい制服をデザインするためにランスに呼ばれたのだ。フランス人は長いこと、自国の兵隊はいつもりっぱな服を着ていて、戦争に行くときは英雄のように見えるはずだと思っていた。そんなわけで軍隊は十九世紀半ばからずっと青い上着と赤いズボンを身につけてきた。だが第一次大戦の頃には、その制服はもう実情にそぐわなくなっていた。赤いズボンは格好の標的になるばかりでなく、それを染めるアカネ染料がもはや手に入らなかった。その染料はドイツ産だったからだ。ポワレは、あさぎ色（スカイブルー）のよりモダンな制服をつくろうと考えていた。より自然に風景に溶けこみ、敵の目につきにくいものである。このデザインならただちにフランス政府に採用されるはずだった。

だが制服についての議論はすべて延期しなければならなかった。ポワレが到着するやいなや、ドイツ軍の砲撃が始まったからだ。「私は穴に飛びこんだが、それは狭い地下道に通じていた」彼は言う。「その地下道を行くと、今度は一本の回廊が丸天井のある巨大な洞穴に導いてくれた」

これらの洞穴と回廊は、軍がすべてのシャンパンメーカーのカーヴを結んで掘ったもので、鉄道の駅の下にあるその入口から前線まで——数キロの距離を——地表に出ることなく軍隊が直行できるようになっていた。

しかし、ポワレはむしろウサギの穴に落ちた不思議の国のアリスのような気分になったかもしれない。というのは、彼が次に出くわしたものは、気ちがい帽子屋のお茶の会のように見えたからだ。「四十人のフランス人が、りっぱな燭台やハムやシャンパンの瓶が並んだ優雅なテーブルに着いているのを見て、私はびっくりした。ヴーヴ・クリコの社長のムッシュ・ヴェルレが席に招いてくれたので、私は喜んでそれを受けた。

「五時に人がやってきて、砲撃が止んだとわれわれに知らせた。私は地上にもどったが、気がつくとちゃんと立っていられなかった。ふと見ると、ポケットにシャンパンのコルクが十六個入っていた。こんなにたくさんどうやって飲めたんだろう？」(5)

しかし、地下の生活は決してパーティーではなかった。弾幕砲火のたびにクレイエールは揺れ、不安は増大し、心細さがつのった。わが家はまだ立っているだろうか？　知り合いの誰かが殺されてはいないだろうか？　地上から漏れ聞こえてくるニュースはあまりに暗いものが多すぎた。エドシック・モノポルでは、カーヴで働く二人の男とその一方の妻が命を奪われた。彼らが働いている建物に爆弾が落ちたのである。クリュグでは使用人が荷馬車にシャンパンのケースを積みこんでいるときに爆弾が中庭に落ち、三人が即死した。ポル・ロジェのカーヴ主任は、別の砲撃のさなかに砲弾の破片で頭部にひどい傷を負った。

クレイエールは安全な場所を提供はするが、完全な防弾になっているわけではない。時として上層の回廊では、絶えまない砲撃によって裂け目や割れ目が広がり、陥没にいたることがある。

たいていの場合、砲撃は不規則で、決まったパターンに従ってはいない。だが時には、はっきりした特徴があるようにも思える。あるシャンパンメーカーの使用人が言うには「わが軍の兵士たちが小さな戦果を上げるたびに、ドイツ軍は腹いせにランスにさらにひどい砲撃を浴びせた(6)」。

人々は何週間も何か月も続けて地下で暮らした。中には二年間地上に出なかった人もいる。子どもたちが地下で生まれ、老人はそこで息をひきとった。

洗濯場や風呂場のような共同施設は何百人もの人が利用するので、プライバシーが問題になった。各家族は、ルミュアージュ（動瓶）に使うピュピトルと呼ばれる穴の開いた板で間に合わせの壁を作って、自分たちの居住空間をしつらえた。また時にはボール紙製のシャンパンケースでそれを裏から支えることもあった。ある人は言う、「私たちは瓶に挟まれて生活し、瓶に挟まれて眠った(7)」。

子どもたちにとっては最初のうち、地下への避難は果てしない休暇の始まりのようなものだった。長い、曲がりくねったトンネルはかくれんぼ《カシュカシュ》などの遊びにはもってこいだ。しかし、やがて悪い知らせが届いた――学校が始まるよ。幼稚園から高校まで、すべての学年用のクラスがあった。各学校は愛国的なシンボルで飾られ、校名も英雄的な軍人の名前がつけられた。たとえばマルヌの戦いを指揮した将軍の名をとったエコール・ジョフルや、ジョフルの跡を継いで総司令官となった将軍の名をつけたエコール・フォクなどである。マルヌにタクシー部隊を送ったパリの軍司令官を記念した、エコール・ガリエニもあった。

環境を除けば、学校はふつうのやり方で運営され、図書館や運動場も用意された。机と黒板を備えたクレイエールの中の教室は、外見上ふつうの教室とほとんど同じだった。

それでも、そこには二つだけ重要なちがいがあった。ひとつは、低学年の子どもたちに新鮮な牛乳を飲ませるために、六頭の牝牛が近くの家畜小屋に飼われていたこと。もうひとつは、全生徒がガスマスクを携帯していたことだ。

　毒ガス戦は、一八九九年と一九〇七年のハーグ平和会議（オランダのハーグで開かれた国際会議。陸戦のルールを決定した）で禁止されていたが、ドイツ軍は早くも一九一五年にガスを兵器として使用しはじめた。当初それは催涙ガスだった。四月二十二日、ドイツ軍は塩素ガスにきり換え、前線に沿ってふたを開けた瓶を設置し、風がガスを敵の塹壕に運んでいくように仕組んだ。やがてはマスタードガスのようなさらに毒性の強いガスがそれにとってかわり、しかもそれは大砲の砲弾に詰められるようになった。戦争における新たな死に方だが、悲しいことにそれだけが新しい死に方ではなかった。

　新しい弾丸も登場していたのだ――高速で、円錐形の、回転しながら飛ぶ弾丸――それは肉をずたずたに裂き、骨を断ち切る。かつて人間の体がこれほどすさまじく引き裂かれたことはなかった。ドイツ軍はまた、これまでよりはるかに強大な火力をもつ砲も持ちこんだ。なかで最も恐るべきものは〝ビッグ・バーサ〟と呼ばれる大砲である。一一二キロにおよぶその有効射程距離によって、いまやすべてのシャンパンメーカーはもとより、すべての町と村が標的になりえた。

　大半のシャンパン醸造所が深刻な被害をこうむり、全シャンパン産業が業務をクレイエールに移さざるをえなかった。アンリ・アブレのメゾンは全焼し、ポメリーとランソンは瓦礫と化した。ロデレールもたび重なる砲撃を受け、モエ・エ・シャンドンの所有するほとんどすべての建物が――ジャン＝レミ・モエがナポレオンをもてなした館もふくめて――ほぼ完全に破壊された。

最初期に猛火に包まれたメゾンのひとつが、一七二九年創業という最古のシャンパンメーカー、リュイナール・ペール・エ・フィスであった。ポメリー同様、ここも前線に近く、ドイツの大砲が楽に届く距離に位置していた。マルヌの会戦のさなか、事務所も含めて大半の建物が破壊された。アンドレ・リュイナールはできる限りのものを救出して事務所をカーヴに移した。だが彼がこの作業を終えるか終えないうちに、新たな猛爆が襲って給水本管を破裂させ、リュイナールの地下の事務所を水浸しにした。アンドレはこれにめげず、筏をつくって自分の机を乗せ、仕事を再開した——漂いながら。しかし不幸にして寒さと湿気があまりにはなはだしく、病を得たアンドレは数か月後に亡くなった。

マム社のヘルマン・フォン・マムはまた別の問題を抱えていた。彼はドイツ人だったのである。ヘルマンの一族は一八二七年にシャンパーニュに居を定めたが、フランスの市民権を取得していなかった。

一九一四年六月、マムは使用人たちを事務所に集め、軍当局から開戦が迫っているという警告を受けたことを話した。「召集された諸君はフランス人としての義務を果たしてほしい」彼は言った。「戦争が続くあいだ、君たちの給料は全額支払うつもりだ。君たちの奥さんが毎月ここへ来て受け取ってもらいたい。私はランスにとどまり、この会社の社長としての義務を果たすつもりだ」

だがそうはならなかった。マムはすでに市民権を申請していたが、開戦までに手続きが完了しなかった。マムは逮捕され、敵国人としてブルターニュに抑留された。彼のメゾンはフランス政府に押収され、戦争継続のあいだフランス人支配人に経営が委託された。(8)

そのほかのシャンパンメーカーにとっても、状況はますます厳しいものになりつつあった。生産高は戦争前の半分に落ちた。瓶や梱包用の箱や砂糖はほとんど入手不能になっていた。瓶の不足はとりわけ深刻だった。非常に多くのガラス職人が戦争で亡くなっていたせいである。アメリカのような中立国からはいまだに注文が殺到していたが、それに応じることは不可能だった。港は封鎖され、ドイツのUボートが沖合にひそんでいた。保険会社はシャンパンの船荷保険の引受けを拒否し、銀行は外国小切手の支払いを断った。

フランス国内の売り上げも干上がった。パリのポル・ロジェの代理人はこう書いてきた、「街は死に、誰もシャンパンを飲んでいません。営業を続けているレストランはラリュとマキシムだけで、そこも八時には閉まります。ほかはすべて店じまいしています[9]」。

死んだのはパリ──人口の三分の一がよそへ疎開した──だけではなく、コート・ダジュールの盛り場も店を閉じていた。「われわれができるのは待つことだけです」と代理人は言った。

モーリス・ポル＝ロジェはそんな余裕はないと思っていた。ル・アーヴルやカレーのような北部の港は閉鎖されていたので、モーリスはボルドーから出荷しようとした。最初の試みは失敗に終わった。一隻は嵐で沈没し、大量の注文品を積んでいたもう一隻はドイツのUボートに沈められたのだ。

一九一五年の年末になると、事態はわずかながら好転していた。パリのカフェやレストランは徐々にではあるが再開しつつあった。加えて、モーリスの代理人は新たな顧客と契約を済ましていた。フランスにいるイギリスの遠征軍である。「この契約によって、いまやわれわれは、ポル・ロジェはドイツを負かすのに力を貸していると顧客たちに言うことができます」と代理人は言った。

しかし、モーリスが片づけようと決心しているある未解決の仕事があった。一年前、ドイツ軍による占領直前に知事が自分の職務を捨て、市の財産を持ち逃げしたことを彼は忘れていなかった。それから一年を経たいま、その男エルヴェ・シャプロンが戻ってきたが、シャプロンは怒り狂っていた。自分の名声が傷つけられたと非難し、介添人をモーリスのところへさし向けて謝罪を要求し、決闘を申しこんだ。モーリスは承諾した。

二人は三月十七日にエペルネの町のすぐ外にあるシャトー・ド・サランの庭で会った。めいめいが主治医と介添人を連れ、決闘用のエペ（フェンシングの剣。刃はなく、突きのみで勝負する）を携えていた。二人は手袋をはめ、ゆったりした白いシャツと黒いズボンにブーツを履いていた。（サスペンダーは禁止されていたが、ベルトは許されていた。）審判の合図で決闘が開始された。

モーリスが最初に突きを入れ、シャプロンの左肩に傷を負わせた。決闘は中止され、医師がすばやく傷の具合をあらためたが、浅手であった。医師がうなずき、決闘は再開された。モーリスがまず優位に立ったとはいえ、シャプロンのほうがはるかに剣の達人であることは誰の目にも明らかだった。知事《プレフェ》が次の突きを入れ、モーリスは右の手首にひどい傷を受けて剣を落とした。決闘は再度中止され、医師がモーリスを診た。怪我は重いと医師は告げて、決闘の終了を宣言した。わずか数分の戦いだった[10]。

これはもともと死を賭した戦いではなかった。むしろ儀式であり、名誉の問題で、両者はそれぞれ自分の主張を通したと納得した。シャプロンは知事に復帰したが、モーリスのほうは、シャプロンと関わりたくないと言ってエペルネの市長を辞任した。

名誉心と愛国心は、戦争の進行に連れて各シャンパンメーカーがますます強くすがるようになった二つの感情である。そして、それは無理もなかったのだ。多くのシャンパンメーカーは十九世紀にドイツ人によって起こされたものであり、戦争への道を準備した長年にわたる反ドイツ感情の高まりは、彼らの商売に損害を与えた。とりわけドゥーツ・エ・ゲルデルマンは売り上げの低下に苦しめられた。この社の経営権を譲り受けたルネ・ラリエは社名をシャンパーニュ・ラリエに変更したが、瓶のラベルに「ドゥーツ・エ・ゲルデルマンの継承者」という注意書きを入れた。しかし、売り上げの増進に失敗すると、ラリエは元来の名称に戻し、当社のオーナーたちは全員フランス軍に服務する将校ですと記した特別のラベルを貼り加えた。結果的に売り上げは向上した。

他の生産者たちも、自社のシャンパンに「フランスの栄光《グロワール・フランセーズ》」とか「シャンパーニュはけっして忘れない《ヌブリオン・ジャメ》」といった名前をつけた。塹壕にいる兵士たちのためには「シャンパーニュ・デ・ポワリュ（ポワリュは第一次大戦中のフランス兵の愛称）」があり、さらには「シャンパーニュ・アメリカ」やフランスにいるイギリス兵のための「同盟軍《アライアンス》クリーミング・トミーズ・スペシャル・ドライ・リザーヴ（トミーは同じくイギリス兵の愛称）」、そして「シャンパーニュ・アンチ・ボシュ」というのすらあった[11]。

フランスと〝ボシュ〟のあいだの通商が途絶していたにもかかわらず、ドイツ政府の高官はシャンパンに対する趣味を失ってはいなかった。だが、それも驚くには当たらない。一八七〇年以前でさえドイツ人は、自分たちが高級シャンパンが大好きで、自国の発泡ワインであるゼクトより好んでいることを認めていた。いまや彼らは、最も高級な銘柄にはいくらでも払う用意があることで有名だった。「たとえそれがどんなに法外な値段でも」。シャンパンメーカーはまもなく、スイスとオランダの何人かの顧客からの注文が増大しているのに気がついた。その「顧客たち」が実はドイツのために働いている秘密情報員であり、彼らが注文したシャンパンはベルリンに転送されていたという事実を、メーカーはあとになって知った。

クレイェールで宿営している五万人のフランス兵が、地の利を生かして悪さを働いているのを発見しても、シャンパンメーカーはさして驚かなかった。クリュグのカーヴで、シャンパンの瓶を詰めたいくつものケースを信徒席に代用して、兵士たちのために礼拝が行なわれたことがあった。ケースの行き先はアメリカ合衆国だったが、海運の航路が封鎖されたために何か月もここに保管してあるのだった。やがて航路が再開されて、従業員がケースを外へ運び出しはじめた。ケースがひどく軽いように思えたのはそのときだった。そしてほんとうに軽かったのだ――箱は全部空っぽだったのだから。

マムのカーヴでは、兵士たちが死んだ戦友の葬儀のミサを行なう許可を得た。従業員は棺が運びこまれるのをうやうやしく見守った。やがて棺は運び出された。数分後、棺が戻ってきて、また出ていった。これがもう一度繰りかえされたとき、ひとりのカーヴ従業員が棺を押さえ、ふたを開けた。みんなが怪しんだとおりだった。(12)

「俺たちは隙を見ちゃあ、かなりの数の瓶を失敬したよ」とある若い兵士は認めた。彼の名をモーリス・シュヴァリエという。

開戦二年目の年が終わりに近づくと、士気高揚のためにシャンパンは定期的に軍隊に届けられるようになった――ランス近くの塹壕にいる隊などは毎日二本の瓶を受けとったのである。シャンパンはまた、陸軍病院にも寄贈された。瓶には「傷病兵用」と記されていた。パイロットたちは食堂の壁にシャンパンのコルクをピンで刺して、撃墜した敵機の数を記録した。新聞は読者に、戦場から帰還した兵士に敬意を表する最良の方法はシャンパンを贈ることだと説いた。(13)

パリでは、フランス首相アリスティド・ブリアンが昼食時に必ず少量のシャンパンを飲んでいたが、彼の言によれば、おかげで「この辛い時代に」楽観的でいられるのだという。

シャンパンは生き残ろうとするフランスの決意を示すシンボルになっていた。ドイツ軍がまさにフランスの防御戦を突破しそうに見えたとき、ランス駐留のフランス軍司令官は、陣地を放棄して町から撤退せよという命令を受けた。彼は命令を無視した。

「この地にシャンパンがある限り」彼は言った、「われわれはそれを守るつもりだ」。

ニューヨークから来たひとりの若者もそれに同感だったろう。アラン・シーガーは富裕な特権階級の家に生まれた。加えて彼の家は音楽一家でもあった。兄弟のチャールズは著名な音楽学者であり、甥のピートはのちにその世代でも傑出したフォークシンガーになる。しかしアランは言葉の音楽に惹かれた。[14]

一九一二年、アランは、詩作と文学修行のためにパリにおもむいた。両親が望んだことではなかったが——彼らはアランが父親の跡を継いで実業界に入ることを願っていた——、彼は幸福だった。カルティエ・ラタンに部屋を借り、ボヘミアンの暮らしを楽しんだ。

しかし、戦争の足音が近づき、それがついに勃発すると、アランは無視できなかった。二十六歳の彼はフランスの外国人義勇軍に入隊した。「危険を他人任せにするなんて考えられなかった」彼は言った、「他人が血を流しているのに、人生の美味しいところだけを楽しむなんて」

それでも、少なくともはじめのうちは、危険や流血が彼をおびやかすことはなさそうだった。シャンパーニュに派兵されてからの初期の手紙でシーガーはこう書いている、「素晴らしい日々が待っています。道に沿って隊列がうねるように延び、各中隊の先頭には馬上の大尉と中尉たちが立っている——これがどんなに美しい光景か、とてもおわかりにならないでしょう」。

十月のことで、アランは田園の美しさに魅せられていた。午後の太陽が光を投げかけるとき、目がくらむばかりの秋の色に染まるブドウ畑の斜面。見るものすべてが彼に感銘を与え、記憶に刻みこまれ、生きている実感がひしひしと迫ってきた。

「陽のあたったブドウ畑の眺めは何と美しいのだろう」彼は語った、「そして何と奇妙な対照だろう。こちらの斜面ではブドウ摘みの人たちが楽しそうに歌いながら仕事に励んでいるが、反対側の斜面では砲列がドーンドーンと轟音を放っている」。

シーガーは、土地とそれを守るために命を捧げた兵士について書いた一編の詩、「シャンパーニュ、一九一四—一五」の中にこの光景を永遠にとどめようとした。

収穫にいそしむブドウ摘みの人たちは
軽やかに歩み、その籠を満たしていく
あの人たちはこつこつと働き歌いながら
彼の思い出を祝福してくれるだろう
十月の日々の傾いた陽ざしの下で

これはシーガーが何か月もかけて書いた詩である。塹壕の中にしゃがみこみ、ローソクの明かりをたよりに書きつけたこともよくあった。たまに戦闘がわずかにとぎれたときなど、彼は書くための静かな場所を求めてさまよった。

楽しい酒宴や幸福な祝祭のなかで、
頬は紅潮し、杯は黄金色に、また真珠色に輝く
陽光とこの世の美を集めたフランスの
甘きワインを満たして。
静かな、喜びにあふれた地上の道を踏みしめて行く君たちよ
時には飲んでほしい
気高い任務のさなかにその血を流し、
かつてその同じワインが生まれた土を
浄めた人々のために。

時間が経つにつれ、戦争は人命の犠牲を増やしていった。最初の四か月で三十三万のフランス兵が死に、六十万人が負傷した。一九一五年には四十三万人が死んだ。圧倒的な損失と残酷な現実がシーガーを揺さぶった。いろいろな意味で、彼は詩人としてより報道員としてのほうがこの状況を書きやすいと思った。個人の細部に目を向けることで、アランは詩作の約束事から解き放たれて記事を書くことができた。

一九一五年二月十五日、アランは次のような至急便を『ニューヨーク・サン』紙に送った。「北フランスの破壊された哀れな村々！　それらはおびただしい数の静かな墓場のように横たわっている。小さな家々は、散り散りになったいくつもの家族の幸福の墓標だ」

アランはこれらの記事を、自分の部隊が宿営しているシャンパンメーカーのカーヴで書いた。不幸にして、すでにそこはドイツ軍が通過しており、あとにはほとんど何も残っていなかった。「特にひどいのは

ある美しい図書館の残骸である」シーガーは書いた、「あらゆるものを略奪してまわり、町じゅうに一本のワインも残さなかった野蛮な手によっても、まさか侵害されそうもないものなのだが」。

数日後、彼は何枚かの葉書に出くわした。それは数か月前に戦死したドイツ兵たちの遺体から回収されたものだ。「私の感じた思いのいくぶんなりと共有してもらえるように、原文をここに写せればよかったのだが」と彼は『ニューヨーク・サン』に書いた。「それらは家族からの短い簡単な書信で、そこには父親の誇り、姉妹の愛情、母親の危惧が表われていた。どこか遠いドイツの村で、その人たちはすでに彼の名前を行方不明者リストの中に見つけたことだろう。だがもうすぐわれわれは夜の中へ出ていって、この兵士たちの死体を埋める。彼らがどうやって死んだか、彼らの無名の墓がどこにあるか、家族たちはけっして知ることはないだろう」

それから間もなく、シーガーの外国人義勇部隊はフランス軍総司令官ジョフル将軍による閲兵式に招集された。彼の師団はほかの師団といっしょに、近くの日あたりのいい台地上にある町に集まった。その台地はドイツ軍捕虜の手できれいに掃除されていたので、よけいに日あたりがいいように見えた。

単葉機が警戒のために頭上を旋回するなか、兵士たちにささげ銃《つつ》の号令がかかった。それと同時に軍楽隊による『ラ・マルセイエーズ』の演奏が始まった。「慣れ親しんだメロディーの最初の数小節が流れると、馬たちでさえ大地をふるわす感動のうねりを感じ、演奏に合わせていなないた。そこには何か崇高なものがあった」。シーガーはそう語っている。

アランと戦友たちは高揚した気分で宿営地に戻った。「その夜、ローソクを灯した屋根裏部屋で、われわれはシャンパンのコルクを抜いた」彼は言う。「午後の魔力がまだ強くみんなの上に働いていた。われわれはブリキの兵隊カップをかかげ、かちんと鳴らして一日に乾杯した」

翌日、彼らは塹壕に戻った。生きのびるための独自の規則と戦略のある別世界だ。シーガーたちはそこで、誇りをもって自分たちをポワリュ（毛むくじゃら）と呼んだ。そのむさ苦しい髪の毛や顎ひげや口ひげは、自分たちに旧約聖書のサムソンのような力を与えてくれると彼らは言っていた。いま彼らが直面している事態に対処するためにぜひとも必要な力を。塹壕はしょっちゅう崩壊し、部隊全員が生き埋めになることもあった。

死者や負傷者が五体満足な人間の隣に横たわっていた。彼らを後方に送るすべがなかったからだ。ネズミが死体を、また時にはたんに眠っている人間をかじった。

シーガーは塹壕を、十五世紀にルイ十一世が囚人を責めさいなむために考案した小型の狭苦しい檻になぞらえた。「実を言えば、われわれはおよそ人間の生活ではなく、動物のそれを送っているのだ。穴の中に暮らし、戦うときと物を食うときだけ頭を見せる。みじめな生活を運命づけられ、この不快な穴の中で、寒さと泥と薄暗がりの中で、震えているのだ」

シーガーが多くの霊感を引き出したのは、この暗闇と悲惨の中からだった。たとえばシャンパーニュ地方の川の名を表題にした彼の詩「エーヌ」の以下の詩句を見てみよう。

冬はわれわれの上に降りてきた。立ち割れた松の
硬直した枝で散り散りにされた低い雲が
白いロケット弾の煙をぼんやりかすませる。この煙は
日暮れから夜明けまで、敵と接する大きく湾曲した戦線を縁取っているのだ。

このような暗闇は、アメリカの孤立主義と相変わらずの参戦拒否にシーガーが感じている歯がみするようないらだちを助長するだけだった。「アメリカへのメッセージ」という詩で彼は書く。

君は気概と肝っ玉をもっていると、僕にはわかっている。
君は殴られたらいつでも殴り返すことができる。
君は雄々しく、闘志にあふれ、頑強で、たくましい、
だが、君の名誉は君の家の裏庭でついえる……

一九一六年の春を迎える頃には、シーガーはますます宿命論に傾いていた。来る日も来る日も、砲弾がすさまじい音を立てて爆発するたびに自分の足下の大地が揺れるのが感じられ、空はあまりに大量の金属が飛び交うために重くなったように見えた。時おり、息をするのに困難をおぼえたが、若者たちの長い列が塹壕を飛びだしてすさまじい弾幕の中へ突撃していくとき、目の前に広がる恐ろしい殺戮を理解するのはもっと困難だった。兵士たちはただ「海に砕け散る波のように、なぎ倒されるためだけに」突撃していくのだ。

母への手紙で彼は書いている、「僕が帰らないのではないかと心配してはいけません。死は、結局のところ、ちっとも恐ろしいものではないのです。それは生よりもずっと素晴らしいものかもしれません」

この宿命論は彼個人の予感となっていたが、その予感をシーガーは、彼の代表的な詩「死と会う約束」の中で描き出す。

僕には死と会う約束がある
攻防の場となるどこかのバリケードで、
春がかさかさ音を立てる影を連れて戻ってきて
リンゴの花が空に満ちるとき。
僕には死と会う約束がある
春が青く晴れた日々を連れて帰ってくるとき。

六月の日々は信じられないくらい青く晴れわたり、この戦争でも最大の戦いのひとつにおもむくシーガーの精神を高ぶらせるかのようだった。ソンムの会戦では百万人の兵士が死ぬことになるのだが、アランは喜びと興奮ではち切れそうだった。行動を起こしたくてうずうずしていたのだ。

六月二十二日、アランは二十八歳の誕生日を迎えた。その数日後、彼と仲間の兵士たちは命令を受けた。翌日、出撃するのだ。「僕の夢がかなうんだ」アランは仲間のひとりに言った。

翌日の午後、シーガーの部隊はランスの北西に位置するベロワ＝アン＝サンテール村の近くの丘を攻撃した。七月四日だった。丘の頂上までの半ばを登ったところで、シーガーは撃たれ、致命傷を負って倒れた。だが戦友たちの記憶によれば、シーガーは死に瀕しながらも彼らを叱咤激励したという。

翌日、彼の遺体は着弾でできた穴の中で見つかった。彼の中隊のほとんどの人間が同様に戦死した。彼らは巨大な墓にいっしょに葬られた。

「若くして死んだすべての詩人の中で」ある作家は言った、「あれほど幸福に死んだ者はいなかった」。

あるフランスの新聞はシーガーの死を報じ、彼の詩「シャンパーニュ、一九一四―一五」の一部を掲載して敬意を表した。「シラノ・ド・ベルジュラックでも、誇りを持ってこれは自分の作だというだろう」という言葉を添えて。

僕はこんなふうに考えるのが大好きだ、万が一
彼の血が染みこんだ場所に僕の血が染みこむという特権を与えられるなら、
僕はこの大地からまったく消え失せるわけではないだろうと。
そして食事の鐘が鳴り、健康を祝して乾杯が交わされ、

生きる喜びにあふれたさまざまな顔が
笑いと上機嫌で紅潮するとき、
輝くカップの中の僕の血のいささかのきらめきが
かつて僕があれほど愛した人々の唇に注がれるだろうと。

シーガーが戦死した頃、フランスはすでに根底から変化していた。強がりと派手な愛国心の誇示は姿を消した。もはや前線におもむく兵士を激励するために群衆が駅に押しよせることもなくなった。若者の徴兵は「血の税金《アンポ・デュ・サン》」と呼ばれるようになった。かつてこれほど多くの犠牲者を出した戦争はなかった。しかもこれほど短い期間に。結果的に全戦死者の半数が最初の一年半で生じたのだ。ある新聞は書いた「フラ

ンスは血を流して死につつある」。

なかでも、いくつかの最も激しい戦闘が展開されたシャンパーニュほど、人々が強く痛みを感じていた場所はなかった。だれもが疑問を抱いた――いったい何のために？

深い沈痛な思いがこの地方をおおっていた――この国は戦争にも勝てないし、戦いをやめることもできないのだという思いが。塹壕戦は泥沼化し――塹壕の半分はシャンパーニュ地方にあった――「侵食作戦《グリニヨタージュ》」と「持ちこたえ《トゥニール》」と呼ばれるものになっていった。

夏から秋への変わり目に、ポメリー・エ・グレノの経営陣はもはやこれ以上持ちこたえられないと判断した。ポメリーは今やたんなるシャンパンメーカーではなく、服喪の場となっていた。役員一人を含む従業員十七人がここで仕事中に命を落とした。ポメリーにほぼ毎日のように届く電報は、誰かの夫や兄弟や息子の、前線での死や負傷を知らせてきた。

敵の戦列からわずか数百メートルの高い崖の上に位置しているポメリー・エ・グレノは、ドイツ軍砲手の格好の標的だった。これほど敵の戦列に近いシャンパンメーカーはほかになく、これほど残忍な攻撃を受けたメーカーもほかにない。毎日、砲弾が飛来し、毎日、ポメリーのどこかがもうもうたる火焔と煙に包まれた。

かつてのカーヴ主任にして現在社長代理のアンリ・ウタンは、危険があまりに大きすぎると判断し、緊急会議を開いて、業務を停止するつもりだと発表した。「ここポメリーでわれわれは、ランスの防衛における重要な役割をはたすという危険な栄誉を担ってきた」と彼は言った。

ポメリーの銃眼のあるヴィクトリア朝様式の何本かの塔――まだ焼けずに建っていた――は軍の監視所として使われていたし、機関銃や曲射砲や重砲がブドウ畑の中に据えられていた。千人の兵士を宿営させたポメリーのカーヴは中間地帯《ノー・マンズ・ランド》の方へ一・五キロ近く延びており、直接塹壕に出ることができたので、前線への増援部隊派遣や死者・負傷者の運び出しにきわめて貴重な役割をはたしていた。不幸にしてこのことも、ポメリーを公然の軍事標的にしたのだ。

メゾンが受けた砲撃によって死んだ前社長のあとを受けて社長代理となったウタンはこう続けた。「われわれは多くの恐ろしい日々を経験してきた。多くの友人や家族、女性や子どもまでが、もはやわれわれの横にいない。あなた方の中にも、怪我をした人がいる。そういうわけで、われわれは社を閉鎖したほうがよいと判断した」

地下の回廊に集まった三百人の従業員が何も言えないでいるうちに、ウタンは続けて、フランス中央部に位置し、どの戦線からも遠く離れている軍需工場が、喉から手が出るほど増員を求めていると述べた。「そこは安全だし、給料もわれわれが払える額よりずっと高い」彼は言った。「そこに行ってもらいたいが、戦争が終わって、もしまだ君たちがそう望むなら、ここでの仕事が君たちを待っているだろう」

従業員たちの反応は素早く、しかも全員一致していた――われわれは出ていかない。「あなたはすべきことをなさってください」ひとりが言った、「でもわれわれはここにとどまって、できるかぎり長くシャンパンをつくり続けます」。

この問題についてポメリーで長くブドウ畑の主任管理者を務めるアルベール・コルパールほど強い思いを抱く人間はいなかった。それまでの人生、コルパールはずっとブドウの木々のあいだで働いてきた。彼は十代のはじめにポメリーに就職し、長年のあいだに少しずつ昇進してブドウ栽培の主任になった。非常に大きな責任を負う地位であり、彼は愛情をこめて、ほとんど家族に対するのと変わらぬ愛情をこめて、その職を務めた。ポメリーのブドウは一本残らずコルパールの手で植えられたと言っても過言ではなかった。小さいさし穂のころから手塩にかけ、地植えできるようになるまでガラス屋根の小屋で育てる――ブドウ畑で三十年以上を過ごした今も、彼はその仕事を他人《ひと》任せにするつもりはなかった。

だがこれを続けていくのはたやすいことではなさそうだった。彼が仕込んだ経験豊かな作業員はみな戦争に行ってしまい、コルパールは年寄りと女子どもだけの未熟な要員とともに残された。彼の愛おしむブドウ畑も、塹壕によって畦のように掘りかえされ、渦巻き状の有刺鉄線が張りめぐらされて、これまた見るに忍びないありさまだ。ブドウの木は榴散弾でずたずたに裂かれ、地面はすさまじい量の砲弾であばたになり、月の表面のように見えた。たんにブドウの木のところへ行くこと自体が試練だった。あたり一帯に不発弾が散らばり、その多くから漏れ出た毒が土壌にしみこんで、それから先何年もブドウ畑を汚染することになった。

さらには、許可取得の問題もあった。フランス軍が土地を徴発していたため、いまではブドウ畑に入るにも軍の許可証を必要としたのだ。危険を理由に軍当局が許可証を発行しないこともたびたびだった。コルパールが文句を言うと、彼らは肩をすくめ、どうしようもないと言った。ついには、将校がコルパールをかたわらに呼んで言った、「いいか、あの大聖堂の砲撃をためらわない奴らが、農夫の上に何発か砲弾を落とすのに気が咎めるはずないだろ」。コルパールは納得しなかった。

コルパールがブドウ畑に入っていくのを止めようとするのは軍当局だけではなかった。ポメリーの上司たちも、無駄な危険を冒すなと言ってしきりに引きとめた。友人たちも彼にもっと用心するよう説いた。妻は家にいてくれと訴えた。コルパールは耳を貸さなかった。彼を引きとめようとしなかったのは、部下たち、つまりコルパールに言わせれば「もはや死を恐れない老人と、危険に無頓着な小さい子どもたち」だけだった。

ある日、部下たちを連れたコルパールがフランス軍の砲列に近づきすぎたために砲撃を中止せざるを得ないという事態が生じ、ついに軍は彼にブドウ畑への立ち入り禁止を命じた。

コルパールはこれを無視して翌日畑に戻り、ブドウに添え木をし、傷んだ部分の手入れをした。どうなってるんだと訊く者があると、彼は「いや、別になんでもないよ」と答え、部下たちも「そうそう」とうなずいたものだ。コルパールが彼らみんなに秘密厳守を誓わせたことは誰も知らなかった。彼はこう言ったのだ。「万が一うちの上役たちも含めて誰かが、特に俺の女房が、砲撃があったかと訊いたら、なかったと答えろ」

戦争が始まって数週間の生活の模様を日記に書きとめていたアンリ・ウタンによると、コルパールは「善意の嘘」の名人だった。

「畑には砲撃はまったくなかったよ」、そこで誰かがしつこく問いつめると、彼はしぶしぶ認めるかもしれない、「ほんのちょっとね、でもぜんぜん危ないもんじゃなかった」。誰かが調べるなどと彼は思ってもいなかった。

それでも調べる人間がいると、彼は被害を隠そうとした。自分が作ったディボット（ゴルフでボールを打ったときにはがれた芝生）を元へ戻すゴルファーのように、着弾でできた何ダースもの穴を埋め、吹き飛んだり折れたりした木を新たに植え替えたり、元どおり埋めなおしたりした。そしてそこには常に部下たちがいた。ウタンの言によれば、忠実で、献身的な人々が。

彼らはきっぱりとコルパールの命に従った。砲撃の方向が変わると、コルパールは別の畑に移動するよう皆に指示した。砲弾が至近距離でうなりをあげると、「伏せろ！」と叫んだ。彼は少数の部下たちを戦闘中の兵隊のように操った。

コルパールの行動を目撃した兵士たちは、不承不承ながらこの「青い目を輝かせた血色のいい頑固者」に敬意を抱くようになった。兵士たちはさらに、ある将校がコルパールの「強情っぱり《アンテトマン》」と評したものも受けいれるようになった。それより何より彼らは、コルパールをブドウ畑から追い出すことはできない相談だと悟ったのだ。

コルパールの強情さ、そしてその誠実さは、家族の者にはおなじみだった。彼の息子が軍隊に召集され、別れの挨拶に来たとき、コルパールは言った、「おまえがまだここにいるあいだは、馬を連れてクロ・ポンパドゥールの畑を耕しに行け」。息子は言われたとおりにした。

しかし、その直後にドイツ軍が砲撃を開始した。息子の安否を気づかったコルパールは跡を追ったが、畑に着いてみると、そこには、まだ鋤をつけられたまま、付近で爆発が起こるたびに怯えて後ろ足で立ちあがる馬の姿しか見あたらなかった。息子はどこにもいない。

結局、息子は一軒の小屋の中でわらの下に隠れているのが見つかった。怒ったコルパールは息子を馬のところへ引っ張っていき、鋤を外してやれと命じた。「馬の面倒も見ないで自分だけ避難する奴があるか」彼は言った。そうしているあいだにも砲撃は続いた。コルパールがのちに認めたように、「ごく近くに、ひっきりなしに落ちた」。

その翌日、コルパールの息子は戦争に行った。彼は武勲を立てることになるが、「あの日、ブドウ畑で仕事をしたのが、僕の受けた砲火の洗礼だった」と語った。

一九一六年までに、すでに二十万発近い爆弾がポメリー・エ・グレノに落ち、シャンパーニュでも有数の美しい土地を荒れ地に変えた。まともに立っている建物はもうほとんどなかった。全従業員がクレイェールで生活していたが、ブドウ畑の真ん中にあった自分の家が猛烈な砲撃で破壊されてしまったコルパールもそのひとりだった。

在りし日のその家は、いろいろな意味でたんなる一軒の家以上のものだった。フランス革命の間に破壊された古い修道院の石を使って再建した中世の水車小屋――それは歴史的文化財と言ってもよかった。コルパールはそれが破壊されるところを見ていた。自分の家を瓦礫に変えていく爆弾の数を数えながら、彼は思わず涙していた。

しかし、ブドウ畑の主任管理者には悲嘆にくれている暇はなかった。心配しなければいけない収穫物が二期分あった、この一九一六年とその前年の分だ。必ずしも必要不可欠でない民間の輸送を禁じる軍の規制により、一九一五年の収穫分は今も畑に留められていた。だがこの夏の終わりに、当局はようやくシャンパン生産者にブドウをランスに運ぶ許可を与えた。コルパールの直面している問題は、圧搾され、サイフォンで樽に移されたまま一年近く寝かされていたこのワインを、どうやってランスに運ぶかである。戦争前は、ブドウ畑のあるすべての村々を通過する小さな郊外列車を使っていた。巨大な木樽がブドウ栽培者のところへ送られ、彼らがそれをいっぱいにしてまた汽車に積みこむのだ。だが一九一四年にドイツ軍がランスを占領した際に、機関車を押収し、もともとドイツ製だったそれを故国に移送してしまったので、このやり方はもはや不可能になった。マルヌの戦いのあとランスが解放されたとき、フランス軍はこのちいさな路線を管理下に置き、修復して、新たな機関車を導入した。しかし軍は、この列車は軍用物資の運搬と、戦死者および負傷者の後方への移送にのみ使用すると言明した。ワインを積む余地はない。コルパールは別の輸送手段を見つけなければならなかった。

結局、コルパールは何台かの古い馬車と、それをひかせるための馬車よりも老いぼれた馬を捜してきた。良い馬は軍に徴発されてしまっていたのだ。その後の二か月間、一台につき一個の樽を積んだ十四台の馬車が毎晩ポメリーに到着した。荷下ろしはすばやく、しかし静かに行なわなければならなかった。さもないと、ほんの数百メートル先にいるドイツ軍が物音を聞いて砲撃してくるからだ。風も大きな問題だった。風向きが悪いと、かすかなそよ風でもたやすく音が伝わり、作業しているのがばれてしまう。実際そういうことが何度か起こり、馬方一人と数頭の馬が殺された。

九月の半ばには、一九一五年物の〝新酒〟の最後の樽が積み下ろされた。コルパールは次に一九一六のワインに取りかかった。この仕事には、コルパールの持つ工夫の才と勇気のすべてが必要とされることになる。

一九一五年と違って天候は不順だった。夏中雨が続き、ブドウはよく熟さなかった。畑の土はひどく軟らかくなり、水が溜まって農作業できないことが多かった。腐敗病やべと病が進行し始めたが、手当てに必要な用具や硫酸銅のような薬を持っている者は誰もいなかった。軍が大半の馬を徴発してしまったので、肥料さえないありさまだった。

一九一六年物が二流以上のシャンパンになるなどと思っている者はほとんどいなかった。特にアルベール・コルパールはそうだ。たとえその状況は変えられないにしても、ポメリーの主任管理者はできるかぎりのことはやろうと決意していた。彼は毎日、わずかな人数の部下を連れて、クロ・ポンパドゥールとクロ・デュ・ムーラン・ド・ラ・ウスの畑をまわり、ブドウの木を点検した。砲撃があるので彼らは通常地下を歩いた。二つの畑は塹壕群と中間地帯《ノー・マンズ・ランド》の近くに位置していたが、そこまで通じているポメリーのクレイェールと、かすかに明かりの灯ったトンネルを通っていくのだ。

彼らの作業はたいてい夜間に行なわなければならなかった。ドイツ軍に見つからないように、ややや霧やおぼろな月明かりの中を腹ばいになって進んだ。ときには敵の塹壕に近づきすぎて、兵士の話が聞こえることもあった。コルパールはいつも、黙って動き続けろとささやくのだった。そしてとりわけ、畑の中に散らばっている不発弾に気をつけるよう注意をうながした。

暗闇の中でさえ、戦争が彼の最愛のブドウの木に何をしたのかがコルパールには見えた。それは胸がつぶれるほどのみじめな光景だった。ほとんどの木が二十年前に彼が植えたものだ。いまそれらは命を失い、引き裂かれていた。多くの木が爆弾で根こそぎにされていた。ほかの木も、化学戦のせいで土にしみこんだ毒によって黄ばんでしまったり、茶色に変色しつつあった。ブドウの木にまとわりつき、塹壕に沿って張りめぐらされている醜い渦巻き状の有刺鉄線もコルパールの苦悩をつのらせるだけだった。ブドウ畑で戦死し、倒れた場所にそのまま埋められた五十人のフランス兵の墓も彼の気持ちを暗くした。あまりに多くの死、と彼は思った。それから、前の年にブドウを摘んでいる最中に砲撃で死んだ女性や子どもたちのことを思い返した。

コルパールがいちばん気にかけているのは、いっしょに働いている人々の安全だった。通常の警戒措置に加えて、今後は各自がガスマスクを携行するよう、彼は部下たちに強く言いわたした。毒ガスは敵の兵器庫の通常備品になっていた。収穫が近づくにつれ、有毒ガスの雲がひんぱんにブドウ畑の上空に漂ってきた。コルパールは、ひとりの兵士が語ったある攻撃の模様をけっして忘れなかった。「ガスの波が押しよせるたびに、死が僕らを包んだ。僕らの服や毛布にしみこみ、まわりにいる生きているもの、呼吸しているもの、すべてを殺した」

だがマスクを装着して呼吸するのは極度にむずかしかった。特にコルパールとその仲間がやっているような作業をしながらでは。それでも収穫は進み、ブドウは摘まれた。品質は皆が予想したように低かったが、コルパールの部下たちに死者も怪我人も出なかったのは朗報だった。

彼の「静かな勇気、みごとな落ち着き、そして自ら示した素晴らしい手本」――それを顕彰して、政府はコルパールに市民としての最高の栄誉のひとつ、レジオン・ドヌール勲章を授与した。(15)

第八章　太鼓もなく、ラッパもなく

大半のフランス人にとって、一九一七年は「不可能な年」として知られた。(1)死傷者は増大し、軍隊内部にも挫折感が広がったが、アメリカ合衆国はその完全中立の政策に固執し続けていた。「アメリカは戦うには誇り高すぎる」、ウッドロー・ウィルソン大統領はそう言明し、合衆国はヨーロッパの権力闘争に巻きこまれるべきではないと主張した。(2)

だが四月二日、五隻のアメリカ船がドイツのUボートによって撃沈されたのを受けて大統領は見解を翻し、議会に宣戦布告を求めた。大統領の方向転換は、ドイツがメキシコに参戦をうながしている事実を知ったことで拍車をかけられた。ドイツは、一八四八年にメキシコがアメリカに奪われたテキサス、アリゾナ、ニューメキシコを返すと約束してメキシコを誘ったのだ。「アメリカがその建国の理念のために身命をささげることが許される時が来た」大統領は言った。

「不可能な年」は突然、わずかではあるが、まったく不可能ではないように見えはじめた。その夏、三百万のアメリカ兵のうちの第一陣が「ラファイエット、俺たちはやってきたぜ（マルキ・ド・ラファイエットはアメリカ独立戦争に従軍したフランスの軍人・政治家）」と歌いながらフランスに押しよせたとき、ドイツですら、事態が変わったことを悟った。

だがフランスはいっぽうでこの強力な味方を得ると同時に、もういっぽうで同様に強い味方を失った。何か月もの混乱ののち、ロシア皇帝《ツァー》は退位し、秋には共産党政府が権力を奪取した。

シャンパーニュにとってロシア革命は破壊的な一撃だった。市場の一割が事実上一夜にして消え失せたのだ。共産党の新指導部がシャンパンを「頽廃した資本家の悪癖」と決めつけ、ウォッカこそ愛国的な飲み物だと宣した結果、数百万本分の売掛金が未回収に終わった。

シャンパーニュのロシアとの関係は、十八世紀初頭にピョートル大帝がこの地方を訪れ、初めてシャンパンを味わったときにさかのぼる。実際には、大帝は「味わった」どころではない——がぶ飲みしたのである。あまりに飲み過ぎて、今日テタンジェのものになっているクレイェールの中で人事不省に酔いつぶれてしまったが、ピョートルは大変な巨漢だったので、正気に返るまで倒れたところにほったらかしておくしかなかった。彼が目覚めたとき、ひとりの司祭がかたわらにいて、欲望のままに振るまうことの危険について説教した。だがどうやらこの説教はあまり効き目がなかったらしい。このロシア君主がそれ以後、毎晩少なくとも四本のシャンパンを寝間着にたくし込んで寝床につく習慣を身につけたのを見ると。

皇帝アレクサンドル二世が贔屓《ひいき》にしたルイ・ロデレールほど儲けたシャンパンメーカーはない。一八五五年に帝位につくや、アレクサンドルは、ヴーヴ・クリコやモエを含めたほかのどれよりもロデレールの強烈な甘口が好きだと公言した。一八六八年になると、年間二百万本が——言いかえればロデレールの海外年間売り上げの八〇パーセントが——ロシアに出荷された[3]。

ロデレールに対するアレクサンドルの情熱はただならぬもので、皇室のワイン貯蔵庫主任を毎年ランスに派遣し、自分の食卓用に最高のシャンパンを選ばせた。そしてまた、アレクサンドルは毒を盛られることを恐れていたので、この男に、ワインがブレンドされるところからシャンパンが瓶に詰められてコルクで栓をされるまでシャンパンの製造工程を監視するよう命じた。

皇帝はもうひとつ、あるものを要求した。自分のシャンパンをほかのすべてのシャンパンと区別できるような特製の瓶である。当時のシャンパンはふつう、今日使われているものと同じようなずんぐりした濃い緑色の瓶に詰められていた。最上のお得意を喜ばせたいと思ったロデレールは、アレクサンドルのシャンパンのために優雅な透明のクリスタルの瓶をデザインした。その瓶はまさしく「クリスタル」と名づけられた。第一次大戦までに、毎年六十六万本のクリスタルがサンクト・ペテルスブルグに向けて出荷された――ただ皇帝ひとりのためだけに。

しかしながら、一九一七年の終わりにロデレールは大変な窮地におちいった。十月革命のすさまじい衝撃は、ロデレールに他のメーカーと同じく未回収の売掛け金の山を残したばかりでなく、あまりに甘すぎて誰も欲しがらないシャンパンの在庫を大量に残したのだ。「わが社が生き延びて今日まだ存在している唯一の理由は」とロデレールの広報担当は述べた、「シャンパーニュのどの社も、うちを買い取る金を持っていなかったせいだ」。


十二月にロシアはドイツとの休戦協定に調印した。これによりドイツ皇帝《カイザー》は、東部の部隊を西部戦線の兵力増強に充てられるようになった。

これはフランスにとって気の滅入るニュースだった。フランス軍はただでさえ「無意味な大量殺戮」と塹壕内の地獄のような悪条件に抗議する兵士たちの反乱に悩まされていたのだから。ほとんど前線が動かない三年間の戦争によって塹壕は汚物溜めと化し、鼠や蚤や虱などの害獣害虫が死体のあいだを跳梁していた。ある兵士は言った「死者の隣で食い、死者の隣で飲み、死者の隣でくつろぎ、死者の隣で眠る」(4)士気を高めるため、フランス国民議会は、七百万人いる兵士全員に新年の贈り物としてシャンパンを一本ずつ与えることを議決した(5)。

ドイツにとっても状況は同じく厳しかった。兵力は二割減少していた。過去十か月で戦死者と負傷者および捕虜になった兵士の数の合計は百万人に近づいたが、それを補充する人員はいなかった。ドイツでは予備役兵が底をついていたのだ。

フランスでは多くの人が今こそ攻勢に出るときだと確信したが、ジョフルの後任の最高司令官フィリップ・ペタン将軍は別の確信を持っていた。「われわれは戦車とアメリカ軍を待たねばならない」。アメリカ軍の兵力が揃うのにあと数か月はかかることを見越して彼はそう言った。この考えを敗北主義だと感じていらだったクレマンソー首相は、ペタンを更迭して新たにフェルディナン・フォッシュを最高司令官に任命した。フォッシュは軍でも飛びぬけた直感力と率直な物言いで知られる将軍だった。「ペタンは、われわれは打ち負かされたと言った」クレマンソーは説明している、「ところがフォッシュは狂ったように行動してきて、今も戦い続けたがっている。私は自分に言った、フォッシュを試してみよう、と。そうすれば、われわれは死ぬにしても、銃を手にして死ぬだろう(6)」。

ドイツ軍はパリの奪取に望みをかけていた。軍の指導者たちは、パリが落ちればフランスの残りの地域もそれに続くだろうと考えていた。だが、その目的を遂げるには、シャンパーニュを突破してマルヌ川を渡らねばならない。それこそ一九一四年に彼らが失敗した難事なのだ。だが今回は違う、と軍指導部は断言した。

第二次マルヌ会戦の影が不気味に迫るその春、フランス軍当局は、ランスの町およびモンターニュ・ド・ランスに連なるすべての村々の全面的疎開を命じた。ランスの人々は今なおクレイェール内に身を潜めて、千日以上も止むことなく続いている砲撃に耐えていた。「死は昼も夜もわれわれの町におおいかぶさっている」枢機卿ルイ・リュソンは言った。リュソンは町を離れてほしいという教会指導者などからの嘆願にもかかわらず、とどまることが自分の義務だと信じていた。「死はわれわれの頭上を飛び、襲いかかり、軍隊を殺し、男たちを、女たちを、子どもたちを、老人たちを殺す。われわれはその不意打ちに対し無防備であり、その攻撃を避けるすべを知らない(7)」

リュソン同様、ほとんどの市民が町を出たくなかった。だが、今や選択の余地はなかった。フランス兵が警護に立つ中、住民は——何か月もクレイェールから出たことがなかった者が多かったが——おずおずと地下の避難所から姿を現わし、自分たちをエペルネに運ぶバスに乗りこんだ。エペルネでパリに向かう列車に乗り換える予定になっていた。

バスが走り出すと、乗客たちは周囲の荒廃ぶりを目にして思わず身を縮めた。モンターニュ・ド・ランスの中ほどにさしかかったところでバスは止まり、乗客は後ろを振り返って最後の別れを告げた。町のあちこちが今や炎に包まれていた。自分たちが戻ってきたとき何かが残っているという幻想を抱く者は誰ひとりいなかった(8)。

フランスの国家祝日である七月十四日、ドイツ軍は相手の士気を挫きにかかった。ランスより数週間疎開が遅れたエペルネでは、砲撃によって数百万本のシャンパンが貯蔵されている洞穴と地下の回廊に裂け目が入った。この砲撃はあまりに激烈で、一二〇キロ離れたパリの住民にもその音が耳に入った。

その翌朝、第二次マルヌ会戦が本格的に火ぶたを切った。皇帝《カイザー》も、自ら「最終勝利のための大攻勢」と呼ぶ戦いを見守るためにやってきた。皇帝と配下の将軍たちは勝利を確信して、わらと梱包用の箱を積んだ五両の列車をフランス東部に待機させた。ランスとエペルネが陥落した暁には、列車はそちらに送られ、最高級銘柄《レ・マルク・レ・プリュ・レピュテ》のシャンパンを何十万本も積みこむ予定だった。シャンパンはそれからドイツに移送され、売りに出されて、収益は戦費の支払いの補助に充てられることになるだろう(9)。

だが、ランスに向けて兵を集中させたドイツ軍は猛烈な抵抗に遭遇した。フランス軍はアフリカの植民地軍数個師団によって増強されていた。植民地兵は、町を死守しているかぎり、一日に二本のシャンパンを約束されていた(10)。アフリカ人はけっしてたじろがなかったと、あるフランスの歴史家は書いている。

「彼らは最後までそこを守った」

ランスを攻略できなかったドイツ軍は町の周辺を掃討し、モンターニュ・ド・ランスとマルヌ川目ざして南下した。三日後、彼らはまたもそこで進軍を止められた。あるアメリカ人の目撃者はこう語る。

> 何キロもの長さでびっしりと並んだ砲列が、とてつもない轟音とともに火を吹いた。木々の上空の空気が、この世のものとも思えぬ音を立てた——軽砲の金切り声と重砲の低い呻き。前方の森の中、ごく近くで、たえまない大爆発が起こり、漆黒の煙が立ちのぼり、そして地獄のように輝く炎がとぎれることなく上がる。砲撃はわずか五分しか続かなかった。だが予期していなかったドイツ兵《ボシュ》には恐ろしい五分だった(11)。

度肝を抜かれたドイツ軍は隊列の立て直しを図り、相手を上まわる狂暴な反撃を加えた。彼らの怒りは主にエペルネに向けられた。エペルネの地下回廊では、今や裂け目があまりに広がって崩壊のおそれがあるため、仕事を放棄せざるをえなかった。

ところが、ぼろぼろに崩壊したのはドイツ軍のパリ攻略の夢だった。戦闘は以後も四か月間続くが、ベルリンはこの時点で、自分たちが戦争に負けたのではないにしても、もはや勝てることはないと悟った。「この数か月間抱いていた、何と多くの希望が一撃で崩れさってしまったことか」陸軍元帥パウル・フォン・ヒンデンブルクは言った。「何と多くの計算があっというまに四散してしまったことか！」(12)

対照的にフランス軍の雰囲気は楽天的だった。ついに勝利が手の届くところに来たのだ。あるパリの新聞が掲載した漫画には、皇帝《カイザー》の息子がシャンパンの瓶を開けようとむなしくあがきながら、「僕はほしいんだ、栄光がほしいんだ、でもそのコルクを開けられないんだ」と叫んでいる様子が描かれている。シャンパーニュ人以外にはほとんど忘れられていたが、爆弾の下ではまたも収穫が行なわれていた。戦時下での五回目の収穫だ。これがもうひとつの漫画の種になった。こちらは退却するドイツ兵がひと抱えのシャンパンを持って逃げている図だ。追いかけるフランス兵が叫んでいる「それが収穫かい？」

実は、「収穫」の大半をやったのはフランス軍のほうだ。自分たちが守っているシャンパーニュの首都ランスに六か月も駐留しながら、そこの大手シャンパンメーカーのカーヴに忍びこむ誘惑をはね返すことのできる兵士は稀だった。ポメリー一社だけでも三十万本が、自社のクレイェールに宿営した兵士たちによって空にされた。だがほとんどのメーカーは寛大な気持ちで快くその損失を受け入れた。「もしわれらの勇敢な守護者たちが、比類なきシャンパンを飲むことで慰めを得る機会を利用しなかったとしたら」ポメリーのＶＩＰ訪問者担当部長は言った、「ランスの町とその地下の宝物はいったいどうなってしまったことか。敵は敗れ、われわれの在庫は守られた。だから、もうこの悲しい出来事に幕を引き、われわれが失ったものがシャンパンの守り手たちの勇気を支えたという事実を受け入れるほうがいい」。

一九一八年十一月十一日、ドイツはフランスおよび連合国との和平協定に調印した。「午前十一時、砲声は止んだ」歴史家コレリ・バーネットは書いている。「いつにない平穏の中で、兵士たちは立ちあがって鳥のさえずりを聞いていた。自分が生き延びたことをいぶかりながら、そして死者たちを悼みながら」[13]正式な和平条約にはあと七か月待たねばならないが、「大戦争《グランド・ゲール》」はついに終わった。

フランス中が喜びに沸き、祝賀のために通りにあふれ出た人々はいたるところでシャンパンのコルクをぽんぽんと抜いた。事務所に殺到した注文に応じようと、モーリス・ポル＝ロジェは車にわらでくるんだ瓶を満載してパリに向かった。パリの街頭はすごい人出だった。シャンゼリゼでは人が押しつぶされそうになっていた。オペラ座前広場には五万人が集まって国歌『ラ・マルセイエーズ』を歌った。「戦死者の親たちでさえ、それに巻きこまれていた」ある新聞は報じた。「ほんの一瞬、彼らは痛みを忘れた」[14]

フランスでは突然シャルロットが鳴りだした。シャルロットとは大聖堂のいちばん大きい鐘の愛称である。一五七〇年に鋳造され、以来すべての戴冠式のために「歌って」いたが、大聖堂が砲撃を受けたときにすさまじい音を立てて落下し、瓦礫の中に半分埋まっていた。重さ十トンの鐘を鳴らすのにじゅうぶんな高さまで引き上げるのには二十人の人間が必要だった。「あの日、鐘が鳴り始めたときは」市長は言った、「まるで太陽が突然霧のあいだから顔を出したかのように、空がふたたび青さを取り戻したかのように感じられた」[15]。

しかし、それはほんのひとときに過ぎなかった。四年の長きにわたってヨーロッパを包んでいた暗闇から逃れることは不可能だった。大戦争では総計千三百万人の命が奪われた。中でフランスは、無理からぬことだが最大の死者を数えた。フランス軍では、百五十万人以上の兵士が戦死、加えて三百万人が負傷し、その内百万人は消えない障害を負った。事実上、ひとつの世代が消え失せてしまったのだ。

シャンパーニュだけでも人口の半分以上が失われた。中でもエーヌ県は三分の二を失った。

千五十一日間とぎれることなく続いた砲撃に耐えたランス。ある新聞の見出しは、あとに残ったものをこう要約した――「これはポンペイだ」。家も学校も病院も工場もなくなった。ほとんどすべてのものが破壊されたが、繊細な浮き彫りのあるファサードが特徴的な中世の美しい木造建築も全滅した。ルネサンス建築の市役所はぺしゃんこにつぶされた。かつてアメリカの領事官ロバート・トムズが宿泊した有名なリオン・ドール・ホテルも瓦礫の山と化した。

だがランスの破壊ぶりをこの上なく劇的に象徴しているのは、毎朝目覚めたトムズを迎えてくれた「威圧的な隣人」である。六百年にわたって国王が戴冠された十三世紀の巨大な聖堂は、今や燃え尽きた骨組みにすぎなかった。鉛の屋根は溶け去り、かつてそれを支えていた堂々とした木の梁は内側に崩れ落ちていた。わずかに残っているのは壁の一部と痛んだファサードだけだ。アメリカ合衆国大使マイロン・ヘリックはこれを見て涙を流した。

悲しみが雲のようにシャンパーニュを覆っていた。最愛の人間と引き裂かれた人々は、その消息を知ろうと掲示を貼り出した。「ロワーヴルのレオン・シモン夫妻は、マルキニーの爆撃中に行方不明になった母親シモン＝ユロー夫人についての情報を欲しがっています」。別のひとりは、リニーの村が砲撃されているときに「ドイツ兵に連行された」甥と姪であるノエル＝ボスレル夫妻を見た人はいないかと尋ねていた。

亡くなった人たちの半数はまず発見されないし、身元も判明しないままだろう。ドルマンでは軍が五万人の兵士のための巨大な墓を掘りはじめた。遺体はあまりにずたずたに引き裂かれていたため、それがフランス人なのかイギリス人なのか、あるいはまたアメリカ人なのかドイツ人なのか、判別することは不可能だった。

不発弾が撤去され、ガスや電気や水道が復旧すると、人々は町へ戻ってきはじめた。パリでの発行を余儀なくされていた地元紙は、帰還して直面する事態に対して心がまえができるようにと、連載コラム「われらが村々の荒廃《レ・リュイヌ・ド・ノ・ヴィラージュ》」を掲載した。それはまるで、あらゆる生活手段の死亡記事のように読める。

ジャンヴリ　われわれの村は石の堆積にすぎない。すべてが失われた。砲弾と手榴弾がそこらじゅうに散らばっている。ブドウの木は毒ガスで枯れてしまった。

ベルメリクール　何も残っていない、まったく何も。ここに住んでいた者ですら、かつて村があった場所がわからないくらいだ。

ジェルミニー　混乱ぶりは言語に絶する。ドイツ軍は給水管を切断し、すべての井戸に毒を投げこんだ。あらゆる金属を持ち去った、掛け時計の駆動部やミシンまで。彼らはそれをドイツに移送したのだ。

メリー＝プレムスィー　農場の動物は全部殺され、埋められずに放置されたままだ。野原は不発弾だらけなので、埋めるのは難しいだろう。

ブヴァンクール　畑やいちばん危険な場所の片づけにドイツ軍捕虜を使うべきだ。

ショミュズィ　われわれのブドウの木は悲惨な状況にある。塹壕や有刺鉄線、ガスや焼夷弾によって壊滅したのだ。地面は大きな穴だらけで、歩くことさえできかねる。

ブドウ栽培とワインづくりで生計を立てている多くの村々が、かつてアラン・シーガーが書いた「破壊された哀れな村々」とほとんど同じように、見る影もなく荒れ果ててしまった。あまりにすさまじい被害をこうむったために復興が不可能な村もあった。タユール、メニル＝レ＝ユルリュ、ペルテ＝レ＝ユルリュ、リポン等々だ。「彼らは土地とそれを濡らすわれわれの涙以外、何も残してくれなかった」消失した自分の村を見やって、あるブドウ栽培者は言った。

その土地ですら、死んだように見えた。あまりに多くの砲弾にえぐられ、もう何も育たなかった。森や林がそっくり消え失せた。シャンパーニュのブドウ畑の四〇パーセントが生産不能となった。ヴェルズネという村では、一二〇〇エーカーのブドウ畑のうち、まだ木が立っているのはわずか一七五エーカーだけだった。ブドウの木が毒ガスによって枯らされた所では、畑は黒いねじ曲がった十字架の林立する墓場に似ていた。ある住民が評したように、それは「ダンテの地獄の光景」であった。

あまりに多くの土地が痛めつけられ、毒ガスで汚染され、腐敗した死体からの分泌物を吸い込んだため、五万エーカーが「赤の地帯《ゾヌ・ルージュ》」と宣告された。それは、その土地が永遠に不毛と見なされたことを意味する。

ブドウ畑をよみがえらせ、町や村を再生させるためのコストは天文学的数字になるが、金こそフランスが持っていないものだった。戦争中政府が支えたフランは自然に下落しはじめ、貨幣価値は八〇パーセントも下がった。すべてをより困難にしたのは、ドイツとその同盟国に対し、少なくとも向こう二年間は何らの財政的請求をしないという政府決定だった。ある官僚は、激情を冷ますことが肝腎だと説明した。

これは戦争前に何百万本ものシャンパンをドイツに出荷し、その代金を受け取っていないシャンパーニュ人にとってはひどすぎるあと戻りだった。シャンパーニュを大きく支えていた輸出は、戦前の水準のわずか三分の一にまで落ちこんだ。あるシャンパン生産者は解説する、「ロシアにはもう大公たちはいないし、ハンガリーにもマジャール貴族はいない。ウィーンやワルシャワにも陽気な社交生活はなくなった」。

そして破産してしまったドイツも市場ではなくなった。

一九一九年一月二十七日、トップハットをかぶり、厚手のコートをまとったひとりの男が特別列車でランスに着いた。彼は遅れた詫びを述べ、ヴェルサイユでの「仕事」のせいだと釈明した。彼が言っているのは二週間前に始まった和平会議のことだ。

この訪問者はアメリカ合衆国大統領、ウッドロー・ウィルソンである。彼を出迎えた市長のジャン＝バティスト・ラングレはこう言った、「あなたは祝典を催している都市に行かれて、あなたの周りに押しよせ、旗を打ち振り、熱狂して迎える群衆にお会いになったことでしょう。ここにはそれはありません。ここは喪に服している町です。あなたがここでご覧になるのは、孤独と静けさだけでしょう」。

町があまりに荒廃した状況にあるため、十万の市民のうち戻ってこられたのはほんのひと握りだった。大統領の数時間の滞在は、陰鬱で言葉少なに終わった。ウィルソンは大聖堂で小さな記念品を送られた。かつて壮麗をきわめた薔薇窓のステンドグラスの破片である。すでに作業員たちは、アメリカ大統領が「ドイツの蛮行の象徴」と呼んだ瓦礫の山を片づけ始めていた[16]。

数か月後、ランスは新しい外観を身にまとっていた。以前とはまったく異なるその姿は訪れる者をぎょっとさせた。通りに面した小店程度の木造の小さな建物群が、事実上一夜にして急造されたのだ。アメリカ西部の無法地帯やゴールドラッシュのカリフォルニアから抜けだしてきた町のようだという人もいた。誰もが、これはランスのあるべき姿ではないと感じ、ラングレ市長はもっとこの町にふさわしいものを提起するため市議会と会談した。

彼らが採用したのは「アメリカ計画《ル・プラン・アメリカン》」なるものだった。ランスの最も重要な建造物群を再建するのに、アメリカの資金援助を得ようという計画だ。ジョン・D・ロックフェラーは大聖堂の屋根を再建する資金を寄付し、アンドリュー・カーネギーは新しい図書館の建設資金を提供した。さらには、「フランスの負傷者のためのアメリカ基金（AFFW）」という団体が小児病院建設の基金を供与した。「アメリカ計画」の目標は、ランスの古い魅力をできるかぎり保存しながら、町を二十世紀の近代的都市に変容させようというものだった。

だがひとつ重要な条件があった——すべての仕事は地元の技術者と建築家によって遂行されなければならないということ。市議会は、この町の精神をそのまま残すことを決意していたのだ。そしてもちろん、帰ってきた住民に仕事を与えることも。ランスの復興のシンボルとして市当局はバラの花を選んだ。シャンパーニュ地方の墓地でごく普通に見られる花だ。ダマスカス・ローズと呼ばれるその花はまた、ランスの過去へのきずなだった。それは十三世紀に十字軍遠征から帰還した伯爵ティボー四世によってシャンパーニュにもたらされ、以来ずっとこの地で花を咲かせてきた。そのバラが新しい建築物に意匠として組み込まれることになったが、ただそこには一つ大きな違いがあった。そのバラには棘がなくなることになっていたのだ。「もう棘はたくさんだ」ある住民は言った、「われわれの歴史には棘が多すぎた」。

ランスの再生を強調するかのように、町全体が疎開させられた日からほぼ一年後に、ひっそりとした小さな出来事があった。新生ランスに最初の赤ん坊が生まれたのだ。男の子だった。赤十字の看護婦をしている若いアメリカ人女性が名親になった。

さらに、シャンパーニュにおける生活が正常に復したことを例証するもうひとつの事件が起こった。ブドウ畑やモンターニュ・ド・ランスの森でイノシシの群れが目撃されたのだ。「連中がいなくなるところを見た者はいない。でも五年間一頭も見かけなかった」作家のアンドレ・シモンは言った、「そしてみんな戻ってきた。だが戦争のあいだどこで過ごしたかは決して話してくれない！」

六月二十八日、ヴェルサイユ条約が調印され、第一次世界大戦は正式に終わりを告げた。フランスは国の祭日である七月十四日を利用してシャンゼリゼ大通りで盛大なパレードを実施した。すべての連合国軍から数千の兵士がこの祝賀の祭典に参加した。彼らはこれを「勝利の分列行進《デフィレ・ド・ラ・ヴィクトワール》」と呼んだ。

一つの敵を撃退したと思ったら、また新たな敵と向かい合わなければならなかった。

ほったらかしにされていたブドウ畑で雑草や爆弾の破片の掃除を始めたシャンパーニュの人々は、戦火が燃えさかっているあいだですら、フィロキセラがのさばっていたことを発見した。塹壕も有刺鉄線も毒ガスも、その前進を止めることはできなかったのだ。

過去四十年間にわたってシャンパーニュ人は、自分たちの住む地域の寒冷な気候と白亜質の土壌が、フランスのほかのブドウ畑を全滅させた死の虫から守ってくれると信じこんで、その北の砦に立てこもっていた。彼らは間違っていた。ちっぽけなアブラムシは今、シャンパーニュのブドウ畑にも同じことをやりつつあり、ほとんどすべての畑が攻撃を受けていた。

フィロキセラ・ヴァスタトリクスと科学者が呼ぶこの虫は、一八六二年にアメリカから出荷されたブドウの木にくっついてフランスにやってきた密航者だ。それはまずローヌ渓谷で発見された。そこからこの虫は容赦ない北進を開始——ブルゴーニュを通り、南フランス《ミディ》を横切り、ボルドーに侵入し、行く先々のブドウ畑を荒らした。数年のあいだにフィロキセラは、フランス南半分のほとんどのブドウ畑を殲滅した(17)。

発生から死に至る過程の異常さのせいで——この極小の昆虫は、地上で羽の生えた姿をとるかと思えば、羽根のない生物として土の下にいるなど、約二十段階もの生活史をたどる——、この虫がどういう生殖をするのか、あるいはどうやってはびこるのかすら誰も見きわめられなかった。これを殺す試み、またこれにやられたブドウを治療する試みはすべて失敗に終わった。やっきとなったフランス政府は治療法の発見に金貨で三万フランの懸賞金をかけ、やがてそれを三十万フランに増額した。何千もの案が押しよせた。溺れさせろ、という人間がいた。そして、もし必要なら——とスエズ運河を開いたフェルディナン・ド・レセップスが口をはさんだ——、水を引くために、水路がブドウ畑の中を走るような設計が可能だと。ブドウ畑を白ワインであふれさせてしまうほうがもっといい、という者たちもいた。

ほかにももっと奇抜なアイデアがいくつもあった。生きたヒキガエルをブドウ畑に埋めてその毒を引き出す、ブドウの木のあいだにハエジゴクを植えて虫を食べさせる、聖地ルルドの聖水をブドウに撒く、アブラムシを追っぱらえそうな匂いの強い植物でブドウ畑を取りかこむ。なかには、畑に海老のブイヨンや山羊の小便を撒くと効果があると信じる者もいた。いちばんいいのは人間の男の小便だとも言われた。その結果、フランスのワインの豊かな伝統に奉仕するため、一日に二回、学校の生徒たちの長い列がブドウ畑に向かった。鉄道の各駅もこの計画にひと口乗って、駅の便所の糞尿を乾燥させたものを売るという新商売を展開した。軍も戦いに加わり、兵営の便所から出た「殺虫剤」を提供した。

愛国心に訴える方策も提案された。これには、ブドウの木の西側に立って重い鉄の棒で地面を叩くブドウ栽培者の集団が必要だった。そうやって虫をフランスからドイツへ追いやるのだという。残念ながら、ブドウの寄生虫には愛国心も地理感覚もなかった。

政府の懸賞金は受け取り手のないまま、フランス銀行《バンク・ド・フランス》の金庫室で封印されていた。その間にもブドウの生産量は年々低下した。どんな対処の仕方が最良なのかについて、人々の意見はまったく一致を見なかった。最も有効に見えたのは化学戦だった。土壌に二硫化炭素を注入するのだ。だがその手順は厄介で、金と時間がかかった。巨大な注入器が必要であり、また引火性の高い化学薬品は使用者に有害な副作用を生むことがよくあった。

絶望した当局は、いかなる「解決策」でもいいから論じあおうと、リヨンで会議を開催することを決定した。あまりに多くの人が来場したので、主催者は巡回サーカス団と交渉し、午後の公演時間を遅らせてその大きなテントを貸してくれるよう説得した。

外の気温が上がるに連れ、テント内の科学者や宣伝屋たちの議論も熱くなった。ある人が、フランスのブドウの木を、フィロキセラへの抵抗力があることが判明しているアメリカのそれに替える提案をすると、参加者たちは大声を上げて彼を黙らせた。そもそもアメリカのブドウの木は寄生虫をこの国に持ちこんだ元凶である、と反対者たちは言った。コンコードやクリントンやハーブモントといったアメリカ産のブドウでまともなワインをつくる試みなど、考えただけで、怒りで顔が青ざめる者もいた。

最後にフィロキセラ撲滅委員会の長、プロスペル・ド・ラフィットが立ち上がって言った、「今日聞いた案はどれも役立ちそうもない。カエルも、小便も、二硫化炭素も。そして間違いなくアメリカのブドウの木も。アメリカの木でひどいワインができるのは、われわれみんなが知っている」[18]。ラフィットは延々と話を続け、聴衆はいらいらをつのらせ、そして今やテントの外でも、サーカスの次の公演を待つ人の列が長くなった。出番を待つ動物たちまで落ち着かなくなってきた。突然猿たちが逃げ出し、哀れなド・ラフイット氏に飛びかかった。猿が演壇に群がると聴衆はちりぢりになった。踏みとどまったのはド・ラフイットただひとり。会議に出席したある人は言った「ド・ラフィット氏はしゃべり続けた。最後まで毅然として、堂々と」[19]。

結局ひとつの解決策が浮上したが、それはアメリカとの結びつきだった。科学者はアメリカの台木にフランスのブドウを接ぐことによって、フィロキセラに抵抗力のあるブドウを育てることができた。そればかりでなく、その新しいブドウは上質のワインをつくりだしたのである。一八七〇年代から八〇年代にかけての数年間に、国中のブドウ栽培者が畑の木を根こそぎ抜いて植えかえ始めた。

しかしシャンパーニュ地方では、一八九〇年以後も、植えかえは行なわれなかった。フィロキセラがトゥレルの村の小さな畑で最初に発見されたとき、栽培者たちは偶発的なものと決めつけ、すぐさま木を焼き払い、問題は根絶されたと判断した。だが四年後には一二エーカーの畑が汚染されていた。一八九八年までにその数字は一〇〇エーカーにまで跳ね上がった。新たな汚染が発見されるたびに、被害のあった村の教会は警鐘を鳴らしたが、栽培者たちは動かなかった、まるでその存在を否定すれば疫病は逃げ去るとでもいうかのように。

しかしながら主要なシャンパンメーカーは、大きな災厄が進行していると確信していた。その年、シャンパーニュワイン醸造協会《アソシアシオン・ヴィティコル・シャンプヌワズ》はフィロキセラと闘うための計画を提示した。彼らはアメリカの台木を大量に買い入れ、ブドウ栽培者たちに配布した。代金は接ぎ木したブドウが収入を生むようになってからでよいと言って。

信じがたいことに、大半の栽培者はこの申し出を考慮することすら拒んだ。「フィロキセラ危機が、ブドウ農家とシャンパンメーカー間の悲しむべき信頼の欠如を露呈した」と歴史家のパトリック・フォーブスは書いている。「土に働く男たちは頑固で、保守的で、新しい考えに不寛容かもしれない。同業者の真意をむやみに疑ってかかるし、気性が激しすぎて簡単に規律になじむことはできないかもしれない。それにしても、フィロキセラ侵入の間に、生活を脅かす恐ろしい敵に対する一致協力を栽培者が拒否するという状況はほとんど信じがたい」

そこにはもうひとつ別の要素もからんでいた。栽培者というのは自分たちのブドウの木を他の何よりも上位に置く人たちなのだ。ブドウは父親や祖父から受け継がれており、栽培者にとって家族同様に愛おしいものだ。ブドウを抜き取ることは自分の体の一部を切り取るにひとしかった。

翌一八九九年には被害面積は二倍以上の二四〇〇エーカーにのぼり、その翌年は一六〇〇〇エーカーに跳ね上がったが、それでも栽培者たちは態度を替えようとはしなかった。被害の程度を測定しようと試みた調査官は斧や尖った添え木を振りまわす栽培者に追いはらわれた。

だが、現実の問題を追いはらうことはできなかった。一九〇四年になると、それはついに最も重要な地域であるモンターニュ・ド・ランスでも発見された。一九一〇年、シャンパーニュ暴動の直前には一万六〇〇〇エーカー、つまりはマルヌ県のワイン畑の半分近くがフィロキセラによって死滅しかけていた。最近の公的な研究によれば、第一次世界大戦の前年には、汚染面積は二万エーカーに達したという。

六年後、戦争が終結した時点では、シャンパーニュのブドウの木で無傷で残っているものはほんのわずかだった。どんなに疑り深い頑固な栽培者も、今やフィロキセラは否定しがたい現実であり、無視はできないと悟った。ブドウ畑の木は引き抜かれ、病害に強いアメリカの台木に接いだブドウに植えかえられた。政府や大手シャンパンメーカーが資金を提供する接ぎ木の配布所が次々に生まれた。栽培者たちは学校に通って接ぎ木の技術を学び、授業料はシャンパンメーカーが支払った。

大戦争はあらゆる人にひとつの貴重な教訓を残していた――共通の敵に直面して生き残るには、一致団結して事に当たるしかないのだ。それには不和を平和的に解消しなければならない、特に一九一一年の暴動に至った不和を。一九一九年に政府は、不正行為を排除することを狙った一連の法案を通過させた。たとえばワインを増量するためのルバーブやリンゴ果汁の混入禁止、あるいはシャンパーニュ外からのシャンパン製造用の安いブドウの持ち込み禁止などだ。これ以後シャンパンは、地元のブドウのみでつくられなければならないことになった。この過程で新しい言葉が生まれた――「原産地名《アペラシオン・ドリジヌ》」。これは、シャンパーニュ人だけが自分たちのワインをシャンパンと呼ぶ法的権利を有することを意味している。

シャンパーニュの各県のあいだの論争にも決着がはかられた。たとえばかつて「シャンパーニュ第二地域《ドゥズィエーム・ゾヌ》」と明示するよう決められ、二級の地位に格下げされたオーブは、そのラベルの免除を申請した。まもなくこの格付けは完全に廃棄された。

ここ数年間ではじめて、状況は明るくなったように思えた。新たに植えかえられた畑は健康で、カーヴにはワインがぎっしりつまり、収益を得るチャンスはどんどん広がっているように見えた。新らしく大きな顧客も現われた。フランスである。フランスは一人当たりのシャンパン消費量において、外国にはるかにおくれをとっていた。その理由は、フランス人の大半がそれぞれの地元のワインに惹かれがちだったからだ。ボルドー人はボルドーワインを、ブルゴーニュ人はブルゴーニュワインを飲み、ローヌやロワールの人々は自分の村のワインに忠実だった。シャンパンがその無類の独自性を開拓したことによって、この傾向は変わりはじめた。国中の人がうるさいほどシャンパンを求めるようになり、その結果フランスは、今やシャンパンの消費国として他のあらゆる国を追い越しつつあった。

シャンパーニュ人はようやくにして、お祝いの時を持ってもよいと感じた。戦争は終わり、フィロキセラも駆逐され、これから先には良き時代が待っているように思えた。モーリス・ポル＝ロジェは、今こそ彼の一九一四年のシャンパンの栓を抜くときだと考えた。彼はそれを、「勝利とともに飲むべきワイン」と予言していたのだ。弟のジョルジュも無事に復員してきたし、爆弾によるシャンパン工場の被害もおおむね修復された。コルクを抜くとき、モーリスはこの戦争の始まった年のヴィンテージについて周りの人たちが言ったことを思い出した――ブドウが青すぎる、決して良いシャンパンにはならないだろう。

ひと口すすっただけで、モーリスはすぐに、彼らの言ったことが間違っており、このヴィンテージへの自分の信頼が正しかったことが証明されたと思った。この一九一四年は明るく、きらきらと輝き、きわめて生き生きとしていた。それは、彼がそうあってほしいと願ったすべてだった。

第九章　泡がはじけるとき

あらゆる苦闘と精神的外傷《トラウマ》のあとで、シャンパーニュ人は、ようやく自分たちの物語が「……そして彼らは、その後いつまでも幸せに暮らしましたとさ」と書かれるところに到達したと思えるようになった。戦争の終結によって彼らの希望は実現されるかに見えた。国中の誰もが過去四年間の悪夢をぜがひでも消し去りたいと願っており、シャンパンはそのための完璧な道具だった。ある作家はこう書いた、「戦争に乗じて儲けた人間は燃やすほどの金を持っていたし、復員兵には求愛すべきガールフレンドや、愛を復活させる妻がいた」[1]。戦争中、軍にいた者の多くがシャンパンに親しむようになり、その習慣を続けようと思っていた。

それは「狂乱の二〇年代《ローリング・トウエンティーズ》」として知られる、陽気で刺激的な時代だった。フランスではこれは「浮かれ騒ぎの時代《レザネ・フォル》」と呼ばれる。スカートの丈は短くなり、女性は髪の毛を短く刈りこみ、シャネルの5番が発売された。ル・マンには最初の二十四時間ロードレースを観ようと数千の観衆が集まった。パリでは、十一人の客がハムサンドとシャンパンの瓶の入った小さな柳細工のバスケットを手渡され、ロンドン行きの最初の商業飛行に出発する。シャンゼリゼではジョゼフィン・ベーカーとシドニー・ベシェが持ちこまれたのだ。

「黒人レビュー《ラ・レヴュ・ネグル》」を演じ、新種の音楽、ジャズで聴衆を魅了した。ジャズは戦争中にアメリカ兵によって持ちこまれたのだ。

アーネスト・ヘミングウェイやスコット・フィッツジェラルドが集ったモンパルナスの芸術家村には、十五人の女の子をかかえたスフィンクスと呼ばれる壮大で優雅な売春宿が開店した。五年後、女の子の数は六十人に増え、全員が客の飲んだ酒代から歩合給を取っていた。千本以上のシャンパンが毎晩のように売れた。女の子の中には歩合給の稼ぎがあまりに多いので、客といっしょに「二階に上がる」必要がなくなる者もいたくらいだ。

この狂乱の時代には、すべてが軽く、陽気で、まさにシャンパンのようにはじけていた。だがなかで最も狂った出来事は、このあとに待っていたのだ。

これほどの幸福にもかかわらず、シャンパーニュには、良い時は長続きしないかもしれないという予感があった。アメリカ合衆国からの海底電信や電報で、酒類販売反対同盟や婦人キリスト教禁酒連合によるアルコール反対運動が力を強めているという情報が伝わってきていた。ウィルソン大統領が、今後ホワイトハウスではアルコール飲料は供しないと発表したとき、シャンパーニュ人たちは、確かに何事かが起こったと知った[2]。

そして一九二〇年一月二十日、ポル・ロジェのニューヨークの代理人から至急電信が届いた。「大統領が禁酒法に署名し、ワインの輸入が止まる。すべての注文品を至急送られたし！」[3]この電信は完全に正確とは言えない。実際にはウィルソン大統領は法案を拒否したが、議会が拒否権を無効にしたのだ。だがいずれにせよ、結果は同じである。合衆国は公式に禁酒《ドライ》の国になったのだ。

エペルネには恐慌が走った。モーリスと弟のジョルジュはちょうど大量のシャンパンをニューヨークに向け出荷したところだった。今、船はすでに大西洋の真ん中にさしかかっている。二人は代理人への返事で「合衆国へのシャンパン輸出の禁止に深い遺憾の意」を表明し、「だが禁酒法は長続きしないだろうと思う」と書いた。

二人が大いに救われたことに、彼らの船は法が成立する前に出航したという理由で入港を許された。だがこれを最後に、その後十四年間ポル・ロジェのシャンパンは出荷されなかった。

つまり、合法的手段によっては、である。

シャンパン製造者たちは、禁酒法は法的な障害物ではあるが乗り越えられないものではないことにすぐ気がついた。やがて、以前にも増して大量のシャンパンが合衆国に向かうようになった。きわめて正確な推定によれば、この禁酒時代に少なくとも七千百万本がアメリカの各海岸に到達した。世界大戦直前の年間売り上げと比較してみると、三倍に増えている。あるシャンパンメーカーはこう語った、「われわれは素晴らしい商売をやった。あれほどうまい商売はなかったよ」。

ひとつには、製造者はもはや合衆国政府に関税を払う必要がなかったということ。もうひとつは、合衆国にこっそりシャンパンを持ち込もうとする際のリスクは主に密輸業者が負ったからだ。

それにしても、当局の目をかすめてシャンパンを持ち込むには巧妙なフットワークを必要とした。合衆国の港は閉ざされているから、シャンパンはまず、アルコールがまだ合法的なバハマ諸島、バミューダ、メキシコ、カナダなどに送られ、そこからは密輸業者が引き継ぐ。

カナダに近いサン・ピエールとミクロンという二つの貧しい漁民の島で、密輸を土台にしたまったく新しい経済が発展した。数十万箱のシャンパンや蒸留酒が荷下ろしされるこのフランス領の二島は、まもなく「北アメリカの酒倉」の異名をとるようになった。村々はにわか景気に沸きたち、ホテルやレストランが次々に開業した。密輸業者の捨てたシャンパンの箱や船積み用の木枠を再利用して、家を修理したり新築したりする零細産業も興った。とびぬけて人目を引いたのは、ウィスキーの箱だけで建てられた〝カティーサーク・ヴィラ〟と呼ばれる家だろう。

いっぽう密輸業者は彼らの〝商品〟を無印の箱に詰め替え、防水を確実にするためタールを染みこませたキャンバスに包んでから、アメリカ本土に向けて送り出した。彼らの船はその後、アメリカ当局が手を出せない三海里幅の外に碇を降ろす。そこで酒はもっと小さく速い船に積み替えられることになっていた。もし沿岸警備隊が現われたら、業者は密輸品を海底砂州に沈め、あとから回収しようとする。あるいは前もって決めておいた海岸近くの浅瀬などに荷を置きざりにし、干潮時に車やトラック、はたまた荷馬車などで拾いに来ることもある。

禁酒法の抑圧的な雰囲気とそれをすり抜けるたやすさは、シャンパン愛飲家で知られるイギリス皇太子《プリンス・オブ・ウエールズ》が一九二二年に合衆国を公式訪問した際にも明らかだった。皇太子の随行記者のひとりだったH・ワーナー・アレンによれば、旅行中晩餐会と乾杯は頻繁に行なわれた。「ワイングラスが列をなして並ぶテーブルを見れば、人は禁酒法の鉄の足かせもさしあたり緩んだのかと思うかもしれない」と彼は書く、「だがそうはいかない。確かにテーブルにはグラスがいっぱいだが、瓶は一本もない」。ワーナーは晩餐の様子をこう続ける。

シャンパングラスに注がれてはいるものの実は発酵していないブドウジュースで乾杯が行なわれた。食事が進み、魂も胃袋も凍らす飲み物、氷水が効果を上げはじめると、会話はますますよそよしく不自然なものになった。極地の冬のような静けさが、着実に空席が増えつつあるテーブルの上に降りてきた。発酵していないブドウジュースで誰が興奮や誠意を持って乾杯できるだろう？

ワーナー・アレンの知るかぎり、誰もできないし、誰もしなかった。ほとんどの客は用意周到に、新聞紙に包んだシャンパンの瓶を小脇に挟んでやってきたのだ。「ついたてやカーテンの陰で、ある行為が行なわれていた」と彼は書く。明らかにコルクを抜くくぐもった音がした。

そのコルクの多くはシャルル・エドシックの瓶から抜かれたものだ。禁酒法時代に商売をしたシャンパン生産者たちの中で、あの有名なシャンパン・チャーリーの孫、ジャン＝シャルル・エドシック以上にうまくやった者はいなかった。彼の冒険はハリウッド映画のシナリオそこのけである。

イギリス皇太子が公式訪問を行なった一九二二年、ジャン＝シャルルは父親に「何が起こっているのか見てこい」と言われてアメリカにやってきた。彼が発見したのは、そこには大もうけのチャンスがあるということだった。必要なのは肝っ玉と想像力だ。

ジャン＝シャルルの最初の滞在地のひとつは、ある有名な密輸業者が冬を過ごす場所と噂されるバハマ諸島のナッソーだった。エドシックはその男が沖で泳いでいるのを見つけた。辺りを見まわし、浜辺に誰もいないのを確認してから、彼は服を脱ぎすてて泳いでいき、密輸人に自己紹介した。わずか数分でエドシックは何百ケースものシャンパンの注文を受けた。「こんなやり方で注文を受けたのは初めてだ」彼は言った。

そしてこれはたんなる始まりに過ぎなかった。エドシックはカリブ海を転々としながら、バミューダで、キューバで、ジャマイカで取引をまとめた。彼のいちばん大きな仕事はメキシコにおけるもので、密輸業者たちは二万ケースのシャンパンを注文した。エドシックの会社が一回で受けた注文としては最大のものだ。

すべての注文がそれほどたやすくエドシックの手に落ちたわけではない。「サン・ピエールとミクロンに行け」彼の父親はランスから電信で命じた。「あそこにシャンパンを送ったが、まだ代金が払われていない」

陽光輝くカリブ海からは長い旅だったが、カナダでようやくジャン＝シャルルは小さな貨物船を見つけて乗せてもらった。船には羊と牝牛が積まれ、エドシックのほかに二人の客がいた。ラインフェルドとライトマンという密輸業者だ。自分の相客が誰であるかを知った二人は興奮した。あなたからそのシャンパンを買えればうれしい、と彼らはジャン＝シャルルに言った。だが、まずは島に着かなければならない。六月ではあったが、すさまじい暴風雪が襲来しており、小さな船は大西洋上で木の葉のようにもてあそばれ、乗客は人も動物も恐怖におののいた。「モーモー、メーメーという鳴き声で僕らは一晩中眠れなかった」エドシックは回想する。それに、密輸業者たちが船酔い撃退用のウィスキーのつまみにむさぼり食らうアンチョビーのにおいもひどかった。

ようやくにしてジャン＝シャルルが上陸すると、例のシャンパンは魚を乾燥させる倉庫にしまわれていて、そこの管理人は何らかの補償なしにはそれを引きわたそうとしなかった。「この島でのうちの代理人になるというのはどうだい？」エドシックは尋ねた。「すべての取引に手数料を差しあげよう」

新しい代理人はすぐさま委託の品を全部ラインフェルドとライトマンに売った。

しかしすべての取引が順調にいったわけではない。一九二五年にエドシックはカナダのブロンフマンという名の三兄弟から連絡を受けた。彼らは大量の酒を合衆国に持ちこんでいるという。「われわれはすでにポメリーのシャンパンを売っているが、あなたとも商売をしたい」彼らは言った。「われわれのことを調べたければオンタリオのウィンザーに行ってくれ」。ウィンザーはデトロイト川によってミシガン州デトロイトと隔てられた国境の町だ。

「狭い草原を横ぎって川沿いの小道をたどり、湖中に突き出た脚柱の上に立つ小屋まで行くように言われた。小屋は木立ちによって岸から隠されていた」とエドシックは語る。

エドシックが小屋のドアをノックすると、「ドアはさっと開き、僕は死刑執行人みたいに見える三人の男と向きあっていた。ひとりは巨人、もうひとりは小人、三人目は普通サイズだ」。三人ともポケットに手を入れている。「連中がピストルを握っているのは明らかだった」

エドシックは、ブロンフマン兄弟に言われてきたと説明した。兄弟が私のシャンパンを売りたがっているのだ、と。三人は疑わしげな目で彼を見つめ、ひと言も発しなかった。それでもようやく、男たちは中に入れと手招きし、腰掛けるよう椅子を指さした。エドシックは説明しようとしゃべり続けた。やがて、何を言っても無駄だとあきらめた彼は、土産に持ってきたシャルル・エドシックのポケットナイフを出そうとポケットに手を伸ばした。「僕がポケットに手を入れた瞬間」彼は言う、「三人のならず者はリヴォルヴァーを引きぬき、僕の頭に狙いを定めた」

エドシックがやろうとしていることを三人のガンマンが理解するまでに、ほんのわずかの間があった。突然、向こう岸で合図の明かりがきらめいた。「行こう、岸に人がいなくなった」ひとりが言った。床の跳ね上げ戸を持ちあげて四人ははしごを駆けおり、ウィスキーやシャンパンを積んだ小船に乗りこんだ。エドシックがひどく驚いたのは、見かけはおんぼろのこの船が時速六〇キロのスピードで艇庫を飛び出したことだ。二分もかからず積み荷はデトロイトに陸揚げされた。それから数分後、彼らはウィンザーに戻り、エドシックはホテルに帰って別の人間の接触を待つように言われた。

今度呼びに来たのはスーツを着てフェルトのソフト帽をかぶった数人の男だった。二人は葉巻をくわえ、全員が丸い弾倉の付いたマシンガン《ミトライウズ・オ・カマンベール》を抱えていた。彼らはエドシックに目隠しをし、追いたてるように車に乗せてどこかへ向かった。やがてエドシックが車を降りたとき、目隠しの下のすきまから見えたのは密輸業者の白黒コンビの靴だけだった。ブロンフマン兄弟（禁酒法時代が終わると、兄弟は世界最大の蒸留酒とワインのグループ、シーグラム社を設立した）との取引について交渉を行なっているあいだも、エドシックの目隠しは外されなかった。

「僕は確かに自分の経験を得意に思っていた」のちにエドシックは語っている、「だが、あのとき以後、密輸業者のそばにいるときは決してポケットに手を入れなかった。こういう取引をアメリカで行なうときは、特に用心して慎重にやろうと務めた」。

これはエドシックの同業者であるマクサンス・ド・ポリニャック伯爵も身をもって学んだ大切なことである。ポリニャックはポメリー・エ・グレノの営業部長だった。彼は、その頃まだシカゴに置いていた代理人からシャンパンの大口注文を受けた。「非常に大事なお得意様からです」代理人は相手の名を明かさずにただそう言った。こせこせした値切りの交渉もなく、代金はすぐに支払われた。このような注文は自分自身で面倒を見る価値があると判断したポリニャックは、シカゴに出向いて謎のお得意様に会う決心をした。

シカゴに到着すると、そこにはポリニャックに挨拶すべく歓迎委員会が待っていた。ＦＢＩだった。ポリニャックの客はギャングのアル・カポネだったのだ。翌日の新聞は大見出しでこのニュースを書きたてた――「フランスの伯爵、刑務所へ」。数日後、重い罰金を払ってポリニャックは釈放された。[6]

禁酒法はまた、予期せぬ置き土産をあとに残した。一九五九年のこと、ケープ・コッドの浜で貝を掘っていた若いカップルが、水の中でひょこひょこ揺れている一本の瓶を見つけた。そのあと瓶はさらに何本か見つかった。貝掘りの熊手を使って二人は明らかにシャンパンの瓶とわかるものを回収した。ラベルはとっくにはがれていたが、瓶の中身はまだ無事だった。二人が近くのレストランに持っていって開けてみると、コルクの焼き印には「シャルル・エドシック、エクストラ・ドライ、一九二〇」とあった。この知らせを聞いたジャン＝シャルルは、別に驚かないと言った。「沿岸警備隊に追われた密輸人が投げ捨てたものに違いないよ」

驚きだったのは、それだけの年月を経てもシャンパンの美味さが変わらなかったことだ。

禁酒法がどれくらい長く続くかは誰にもわからなかったが、シャンパンメーカーはそれが無期限ではありえないと認識しており、その終結に備えようと決意した。彼らは大挙して大西洋を渡りはじめた。状況を検討し、アンドレ・シモンの指摘によれば、「合衆国で自分たちのブランドのしっかりした需要をつくり出す、あるいは回復する好機を見きわめる」ために。「強く求められたのは商品を売り歩く巡回販売員ではなく、アメリカの若者たちに、ゴルフで言えばシャンパンはフェアウェイであり、蒸留酒やソフトドリンクはOB（アウト・オブ・バウンズ）であると説得できる布教者だった」

彼らの福音には、シャンパンは万人の健康に益するという教えもあった。ジャーナリストや外国の著名人たちがシャンパーニュでの会議に招待され、そこでは医療の専門家が、シャンパンは抑鬱症、虫垂炎、そして腸チフスのような感染症の予防に役立つと説いた。ボルドー医科大学の教授は、戦争中にシャンパンが果たした役割を皆に思い出させた。「このワインのおかげで、戦う男たちは塹壕の試練に耐えられた。これこそが彼らの士気と希望を保たせたものだ」

フランス指折りのワイン卸売業者であるニコラは、画家ラウル・デュフィの絵を満載した大判の本まで刊行した。本の表題は『ワイン、わが医師《モン・ドクトゥール、ル・ヴァン》』。序文を書いたのはフィリップ・ペタン元帥、元フランス軍最高司令官である。「ワイン賛」というその文章でペタンはこう書いている。「戦争中わが軍に送られてくるあらゆる補給物資の中で、ワインは間違いなく兵たちが最も楽しみに待ち、しみじみ味わったものだ。その日のワインの割り当てを手に入れるために、わがフランス兵は危険をものともせず、砲弾に立ち向かい、憲兵に逆らった。彼らにとってワインの補給は弾薬の補給とほとんど同じくらい重要だった。ワインは士気を鼓舞し、健康を増進する刺激的飲料だ。ワインは――ワインなりのやり方で――大いにわれわれの勝利に貢献したのである」

フランス政府も、国内で最も長寿で健康な人たちがワイン生産地域の出身者であるという統計を発表して健康キャンペーンにひと役買った。「より上手く飲み、より少なく飲み、より長く飲む」というのが公式スローガンである。これはフランス医学アカデミーのガストン・ゲニオ博士の信条とするところだった。ゲニオは『百歳まで生きる』と題した著書の中で、ワインがいかに長寿に寄与するかを説いている。このとき彼は百二歳だった。

ボクシングの世界ライトヘビー級選手権で、フランスのジョルジュ・カルパンティエがアメリカのバトリング・ラヴィンスキーを四ラウンドでノックアウトしたとき、フランスの医学者たちは合衆国がスポーツにおける優位を失ったと指摘した。「禁酒法施行以後、アメリカ人は運動競技において後れをとっている」とある医師は書いた。「彼らはボクシングの世界選手権でもスキーでもヨットでもテニスでも優位を失った。今や彼らが優勢でいられるのは陸上の短距離だけだ(7)」

このような主張は今日から見ればこじつけだと思えるが、当時はほとんどすべての人がこれを真面目に受けとったのだ。カルパンティエの勝利のあと、もうひとりのフランス人ボクサー、エミール・プラドネがアメリカのフランキー・ジェナロを一ラウンドでKOして世界フライ級選手権を征したことにも、多くの注目が集まった。

ゆっくりと、だが確実に禁酒法はその効力を失いはじめた。密造ジン、メチルアルコール、そのほか出所の疑わしい混合アルコール飲料による中毒の恐怖が増大した。H・ワーナー・アレンは合衆国訪問中に連れて行かれたグリニッチ・ヴィレッジのもぐり酒場で、彼の言うこれまでに飲んだ最悪のワインに、〝べらぼうな〟金額を払わされた。「馬鹿げていると同時に胸の悪くなるような芝居がかった秘密の雰囲気のなかで、われわれはその恐ろしい代物を飲み下した(8)」

しかし最終的に禁酒法の息の根が止まったのは、他の面では尊敬すべき良民が、ワインを一すすりしただけで犯罪者にされてしまうという不安が増大したためだ。大統領の諮問委員会は、禁酒法は守られておらず、手のつけられないギャング横行の土壌をつくり出していると断言した。委員会は、アル・カポネが大量のシャンパンを密輸し、七百人から千人のガンマンの軍団を雇って年に六〇〇〇万ドルの利益を上げる地下帝国を支配していると指摘した。カポネの縄張りをめぐるギャング同士の抗争で数百人の死者が出たことで、今や政府および国民の大半が、禁酒法は無法の世界に支払っている代価に値しないので廃止すべきだと確信した。

一九三三年の終わりまでには、禁酒法は記録的な速さで各州が批准した憲法修正条項によって廃止された。だが禁酒法がかくもすみやかに消え失せた理由はもうひとつある。新たにもっと重大な危機がもち上がっていたのだ。

一九二〇年代を通して西欧経済は不安定な動きを示してきた。フランスではフランがしきりに高下した。ある経済学者が、「一貫性のない過激主義者による政策」と呼ぶものの犠牲となったのだ。通貨安定を図って、政府はフランを戦前の五分の一に切り下げた。物を買う余裕のある人間が少なくなり、商品は棚ざらしにされた。シャンパン産業の頼みの綱である国内販売は半分近くまで落ちこんだ。他の国々が関税障壁を設けたため、輸出もまた減少した。ある国では、これまで一瓶三二フランで売られていたシャンパンが今や二三〇フランにはね上がった。(9)

一九二九年十月二十一日、ニューヨーク株式市場が急落した。二日後には制御不能な暴落が続き、十月二十九日、市場は崩壊した。大恐慌が始まったのだ。

シャンパーニュの人々にとって、それは昔からお馴染みの暗い物語の新たな一章のように思えた。良い時はけっして長続きしない——最も順調な時でさえ、角を曲がったところで何かが待ち伏せしているのだ。古老たちは皆に、一八七〇年に普仏戦争が勃発したとき、シャンパーニュは「黄金期の頂点にあった」という事実を思い出させた。その数年後、ベル・エポックのあいだに一九一一年のシャンパーニュ暴動が起こったことも彼らはつけ加えた。さらに三年後、ブドウ栽培者とシャンパンメーカーの和解が成立した矢先、第一次世界大戦が勃発した。何世紀ものあいだ、こんな具合だったのだよ、と古老たちは言った。今またそれが起こりつつあるのだ、と。

ウォール街の崩壊は、シャンパーニュで誰もが予測していたすばらしい収穫と時期を同じくしていた。歴史家パトリック・フォーブスは書く、「戦争とフィロキセラの被害から完全に立ちなおり、ワイン業界がますますの前進を約束されたように見えた、いわばシャンパーニュ地方にとって決定的な時期に、かつて例を見ない世界規模の経済危機が起きたのはとてつもない不運だった」[10]。

カーヴには卓越したワインがあふれていたが、買い手はいなかった。一九三四年、母なる自然は傷口に塩をすり込むように、シャンパーニュがまったく必要としないものを与えた――またも最上級の豊作である。もはやカーヴは満杯どころか破裂しかけていた。シャンパンメーカーのカーヴには一億五千万本近くが詰まっていたが、輸出できたのはわずか四百五十万本だった。「ブドウ栽培者にとってもシャンパンメーカーにとっても、これはまさに業界の歴史で一、二を争う災厄の日々だった」とフォーブスは書く。[11]

シャンパンメーカーはブドウを買うのを止め、従業員を一時解雇した。メーカーによっては、いわゆる〝四十日シャンパン〟をつくってしのごうとしたところもある。この名はそれがいかにあわただしく杜撰につくられたかをほのめかすものだ。このシャンパンは特価で売られ、信用を保持するため、メーカーの名前を隠して偽のラベルが貼られていた。

さらには昔に返って非発泡性ワインをつくるメーカーもあった。それまで百年間はつくられていなかったものだ。「シャンパンは、その泡とパーティードレスを失った」と、ある新聞は嘆いた。[12]別の新聞は、格の落ちるワインをつくることによって「シャンパンは自殺行為を行なっている」と警告した。倒産して永遠に消えたしまったメーカーもあるし、底値で身売りした会社もあった。[13]

農地経営者にとって状況はさらに深刻だった。ブドウをはじめとする農産物の価格は、なんと十七世紀当時の価格を下まわるまでに下落してしまった。必死のブドウ栽培者たちは団結し、手持ちのわずかな金を共同出資して自分たち自身のシャンパンをつくろうとしたが、たいていは失敗に終わり、まもなくあきらめてしまった。ブドウ畑を手放し、土地を去って、都会で仕事を探した者たちもいれば、街頭で物乞いするまでに落ちぶれた者もいた。

シャンパーニュ地方の多くの人にとっては、救世主かおとぎ話で困った人を助けてくれる妖精《フェアリー・ゴッドマザー》を見つけるしか希望はないように思えた。実際に人々が見つけたのはむしろ教父《ゴッドファザー》のような人間だった——歴史の本から彼らが救い出したひとりの男。

次にはそのドン・ペリニョンが彼らを救った。

誰が救世主らしくないといって、このオーヴィレールのつましい修道僧ほど救世主らしくない者もいまい。その死から二百年のあいだ、この男にさしたる注目を向けた者はいなかった。シャンパーニュ地方においてさえ、彼のことを耳にした者はきわめて少なかったのだ。同時代のルイ十四世とは違って、ドン・ペリニョンはヴェルサイユ宮殿のような不朽の記念碑を残したわけでもなく、華やかな祝宴を催しもせず、兵を率いて戦いに臨みもしなかった。逆に、彼は静かに、そして控えめに働くことによって、その宗教的献身と彼のつくったワインの品質への敬意を不動のものとしたのだ。しかも、その生涯と業績の詳細の多くは、フランス革命中オーヴィレールの修道院が略奪された際に失われてしまった。

そんなわけで、シャンパーニュの企業家グループは簡単に歴史を書き替えて、ドン・ペリニョンによる発泡性シャンパンの〝発明〟二百五十周年を記念する祝典を企画することができた。彼らの目的は売上げの回復であり、史実にその邪魔をさせるつもりはなかった。ドン・ペリニョンがシャンパンを発明しなかったことや、記念日に選んだ日付がまったく恣意的なものだということは気にするなというわけだ。さらに、わずか十八年前、第一次大戦が目前に迫った時期に自分たちが同じことをやろうとしたという事実も皆が無視した。そのときは二百周年記念と呼んでいて、当時のある主要紙には、カーヴ主任が泡立つ瓶を片手に「俺は星を味わったぞ！」と叫んでいる写真が載った。結局、その行事は戦争の勃発によって流れてしまったのだが。

〝新たな〟記念日——二百五十周年——は、修復されたオーヴィレールの修道院で催される三日がかりのパーティーになった。指導的な学者による論文や政府の役人によるスピーチが披露されたが、すべてドン・ペリニョンの天才に賛辞を呈するものだった。大量のシャンパンも注《つ》がれた。実際、あまりにたくさん注がれたので、論文やスピーチのどれひとつとして、ドン・ペリニョンが実際に何をしたかを正確に特定していないことには誰も気づかなかった。だがそんなことはどうでもよかったのだ。記念式典はその目的を果たした。シャンパンの売上げは上昇し、ドン・ペリニョンは時の人となった。シャンパンを発明した男、〝シャンパンの父〟と喧伝され、その名前は突然いたるところに現われるようになった——各種の式典や町の通り、さらには葉巻にさえドン・ペリニョンの名がつけられた(14)。

(一九五〇年代に真面目な歴史学者たちが伝説を脱構築し、現存するわずかな資料を精密に調べはじめてようやく、ドン・ペリニョンの業績が正しく見きわめられるようになった。それでもオーラは残っている。今日、僧の名はモエ・エ・シャンドンに〝属し〟ており、同社を代表するシャンパンに冠されている。)

一九三五年になると、シャンパーニュは大恐慌の最悪期を脱したが、この危機は、シャンパン産業の近代化と、その本来の姿の回復が急務だということを強く印象づけた。シャンパーニュ人は今、政府の援助を待っている余裕はなく、自分たちでなんとかしなければならないと悟った。彼らはまた、シャンパン産業の成功は脆いものであり、それを守り発展させる努力を怠ってはならないことにも気づいた。「繁栄は空から降っては来ない」ある者は言った。そしてもうひとつ、彼らが学んだ教訓があった——危機のときだけ寄り集まっても不十分であり、良い時代にも団結を崩してはならないということ。

翌年、シャンパン業界の異なる立場の代表五人が、計画立案のためにある大手メーカーの庭園に集まった。五人は過去には互いによく争った仲だが、今は意見の相違を棚上げにしなければならないとわかっていた。

シャンパーニュにおける集まりではよくあることだが、この会も乾杯で始まった。「成功に乾杯」主人が言ってグラスを掲げた。「だがその成功を保証する唯一の手だては、われわれみんなが同じブドウ籠の中にいるのを忘れないようにすることだ」

すぐさま真剣な疑問が矢つぎ早に飛び出した。いかにすれば不正行為を防ぎ、品質を保証できるか？いかにすればブドウ栽培者としての、そしてシャンパンメーカーとしての権利を守ることができるのか？「そして消費者のことを忘れないようにしよう」ある代表が口をはさんだ。「われわれが商売をしていられるのは消費者のおかげなんだから」

いちばん厄介な疑問はシャンパーニュという地域に関するものだった。「本当のところ、それはどこなんだ？」各栽培地域の正確な境界がいまだかつて設定されたことがない点にも触れながら、ひとりが訊いた。この時点まで、境界は慣習と伝統で決められていた。栽培者は、シャンパンに使われるブドウの品質を決定する土壌の状態などの諸要素にさほど注意を払わずに、父や祖父が植えてきた場所にブドウを植えていたのだ。

話し合いは十四時間に及んだが、五人がすべてに答えを出すつもりはないこと――少なくともすぐに出すつもりはないことは明らかだった。彼らが行なったのは「シャンパンの慣習と伝統を守るために」、シャロン委員会と名づけた取締まり機構を設立することだった（シャロンはこの集まりがもたれた町の名である）。五人は、これが何世代にもわたってシャンパーニュに渦巻いている無数の問題をきっぱり解決してくれるだろうという期待をもった。こうしてシャンパンは、みずからにかくも厳しい統制を課す世界最初のワインとなったのである。

帰ろうと立ち上がったとき、五人の参加者はいくぶん誇らしい気持ちだった。ある意義深いことを成し遂げたという確信があった。ひとりが立ちどまってテーブルの上のシャンパンの空き瓶を数えたが、驚いたことに二十五本もあった。「だが家路をたどるわれわれの頭はまったく明晰だった」とその男は言った。[15]

五人の男が予想しなかったのは、守ろうと思った「シャンパンの慣習と伝統」が、仇敵に脅かされることになるという事態だった。ドイツは第一次世界大戦を終結させたヴェルサイユ条約で屈辱を味わっていた。普仏戦争後に併合したアルザス＝ロレーヌばかりでなく、全占領地域を返還させられ、さらには事実上国を破産させる莫大な戦争賠償金を支払わされることになったのだ。ウィルソン大統領が和平会議でこう叫んだとき、ドイツの自尊心はさらに傷つけられた。「何たる不作法！　ドイツ人はまことに愚かな国民だ。彼らは常に間違ったことをしでかす[16]」

ベルサイユの侮辱は、一九三三年にアドルフ・ヒトラーを権力の座に押しあげるのを助けた。彼は条約をくつがえし、ドイツをヨーロッパ最強国にすることを誓った。「ナポレオン以後誰もこれほど傍若無人な言葉でものを考えた人間はいない」と歴史家ポール・ジョンソンは書いた。[17]

ヒトラーは迅速に動いた。ドイツを国際連盟から脱退させ、強制兵役制を敷き、ついでラインラント（ドイツのライン川西岸一帯。ヴェルサイユ条約によって非武装地帯とされた）を再武装化した。一九三八年、ヒトラーの軍隊はオーストリアとチェコスロヴァキアに侵入した。ミュンヘンにおける会談で、イギリスとフランスはヒトラーのオーストリア併合を批准し、そのズデーテン（チェコ北部・西北部の山岳地帯。一九三八年ドイツに接収された）に対する権利の主張を是認することで彼を宥和しようと試みて失敗、翌年ヒトラーはポーランドを占領した。イギリスは九月三日に宣戦を布告、数時間後にフランスも渋々戦争に踏みきった。フランスにとってこれは七十五年足らずのあいだで三度目の対ドイツ戦争だが、今回は極端に国民に不人気だった。われわれはどうやって生き延びるのか？　二千五百万人もの死傷者がでる可能性があると予測した作家のルイ＝フェルディナンド・セリーヌはそう疑義を呈した。「われわれはゴール人のようにこの場所から肉体も魂も消え失せるだろう。ゴール人はその言語のうちわずか二十語しか残さなかった。われわれは『くそったれ《メルド》』以外の言葉を何か残せたら幸運だろう(18)」

大半の国民にとって第一次大戦の恐怖は今なお生々しかった。「三十歳以上のフランス人は一九一四年から一八年にかけての若者たちのすさまじい損耗を忘れていない。それによってフランスは老人と障害者の国になってしまったのだ」歴史家ロバート・パクストンは書いている。「この仮借ない現実は、街頭の傷痍軍人を目にすることで日々切実に感じられた。一九三〇年代の半ば、いわゆる〝中空の年代〟の到来とともにこれは特に切実な問題になってきた。一九一五年―一九年にきわめて少数の男児しか生まれなかったため、人口統計学者の予言どおり年間の徴兵適齢者数が半減してしまったのである。もう一度大量殺戮があれば、はたしてフランスは存続するだろうか？(19)」

それはシャンパーニュの人々が日々自問している問題だった。この地域は大戦争の間にあまりに多くの人命を奪われたため、一九二〇年代半ばの人口がなんと一八〇〇年のそれを下回ったのだ。新たな世界大戦が目前に迫った今、その不安感―既視感《デジャヴ》が人々を圧倒した。またしても、今まさに収穫が始まろうとするとき、宣戦が布告されたのだ。ブドウ畑の労働は、ふたたび女と子どもと老人の肩にかかってきた。さらに、合衆国は――今度も――当初の参戦をさしひかえて中立を守った。

しかし今回、シャンパーニュ人は前より準備ができていた。ドイツ軍が国境に集結して最終的に侵入してくる前の八か月間に、数十万本のシャンパンが隠された。まず発見されそうにないカーヴの再奥部に移されるものもあれば、偽の壁の裏に密閉されたものもある。ローラン＝ペリエのようなメーカーは、シャンパンを隠すために聖母マリアをまつる聖堂まで建ててしまった。[20] すべての人が前首相エドゥアール・ダラディエの言ったことを心に留めていた。ワインは「フランスの最もたいせつな宝」であり、そしてシャンパン以上に輝く宝はない、という言葉を。この宝を奪い、金になるシャンパン産業を支配することが第三帝国の目標のひとつであることは周知の事実だった。

一九四〇年五月十日、長らく予期されていた侵攻が始まった。さしたる戦闘もなくフランスはひと月足らずで降服し、百五十万人以上の男が戦争捕虜となった。国は二つに分割され、シャンパーニュを含む北三分の二がドイツ軍の占領下に置かれた。

占領の最初の二か月間はシャンパーニュにとって混乱の時期だった。勝ち誇った敵軍は家から家を、カーヴからカーヴを回り、手当たり次第に奪い取り、飲みまくった。マムのメゾンには鍵を振りまわしたひとりの男が突然現われ、正面玄関で「俺はマム伯爵《イヒ・ビン・グラーフ・フォン・マム》だ！」と呼ばわった。この男は、二十五年前の第一次大戦中、この会社が敵国財産として政府に没収された際に追放されたゲオルゲ・ヘルマン・フォン・マムの息子だった。今、若きマムは、彼に言わせれば自分の正当な所有物を取りもどしに来たのだ。[21]

ドイツの勝利はその最高司令部ですら驚くほど速やかだった。ドイツ当局は九月になってようやく統率力を回復し、秩序を取り戻すことができた。だがそのときまでに推定二百万本のシャンパンが消え失せていた。シャンパーニュの人々にとってせめてもの慰めは、町や村が前の戦争のときのような大きな破壊を免れたこと、そしてブドウ畑で戦闘がなかったことである。

しかしベルリンでは、陸軍元帥ヘルマン・ゲーリングがシャンパーニュに別種の痛みを与えることになる計画の立案を急いでいた。ゲーリングは占領地域に対する経済政策の決定を任されていたのだ。「フランスは破廉恥なほどうまい食事をして肥え太っている」彼は言った。「昔は略奪があたりまえだった。今は見かけはもっと人間的になっている。だが私は略奪するつもりだ、たっぷりとな」

ゲーリングは自分の軍隊に、「猟犬の群れになれ、そしてドイツ国民に有益な物を手に入れるようよう常に心がけろ」と言った。しかし彼は、ワイン、特にシャンパン用には「群れ」を必要としていなかった。彼の欲しいのは鼻の効くポインター、すなわちフランスが差し出すべく保有している最高の品をかぎつけることのできる人間だった。そんな目論見で元帥は、ドイツのワイン業者に頼って「制服のワイン商」とも呼ばれる部隊を組織した。フランス人は彼らを別の名で呼んだ——ワイン総統《ヴァインフューラー》たち。彼らの仕事は良いフランスワインをできるだけ多く買ってドイツに送ることだ。シャンパーニュ地方の責任者はオットー・クレービッシュだった[22]。

シャンパンメーカーは担当者の名を聞いて安堵のため息をついた。クレービッシュは両親がコニャック商をしているフランスで生まれ育った。ドイツではクレービッシュはワイン輸入会社を経営していたが、その会社はランソン・シャンパーニュの代理店もやっていた。「ビール業界ではなくワイン販売業界から人が来てくれてたいへん嬉しかった」ローラン＝ペリエのベルナール・ド・ノナンクールは言う。「どうせこづき回されることになるにしても、ビール飲みのナチの田舎者よりはワイン業者にこづかれるほうがいい」

だが彼らの感激は長続きしなかった。ただちにこづき回しが始まったのだ。クレービッシュはシャロン委員会の前に現われて厳しく断言した。「第三帝国は以下のことを要望する」彼は言った。「君たちは週に三十五万本のシャンパンをわれわれに提供すること。すべての瓶に〝ドイツ軍用〟の判を押さなければならない。もうひとつ、君たちにはドイツが管理しているフランス中のレストラン、ホテル、ナイトクラブにシャンパンを供給してもらう」。ワイン総統は、シャンパンについてはまずドイツ人に要求権があり、もし余りがあればいくらかはフランス人客への供給に回してもよいと強調した。

委員たちはほとんど言葉を失った。一九四〇年は非常な不作で、収穫高は八〇パーセントも減少していた。シャンパンの代金は払うというクレービッシュの保証も彼らの慰めにはならなかった。価格はおそらく〝交渉で〟決められるとはいえ、ワイン総統は自分の払いたい額しか払わないだろう。加えて、ドイツはすでにマルクに戦前の五倍の価値を付与する新しい交換レートを定めているから、クレービッシュは欲しいだけのシャンパンをただ同然で買うことができるのだ。「あれは合法的略奪以外の何ものでもなかった」と、あるシャンパン生産者は不満を漏らした。

シャンパンメーカー各社はできる限りの方法で報復した。質の悪いコルクや汚い瓶を使用し、ドイツの送り先の宛名をわざと間違え、シャンパンに混ぜものをして質を落とした。彼らが時として忘れるのは、ワイン総統がシャンパンを知っている玄人だということだ。彼は鋭い舌と良い鼻を持っており、自分をごまかそうとしている者がいないことを確認するために、しばしば抜き打ち検査を行なった。

一族の会社を手伝うために経営に参加して間もないフランソワ・テタンジェは、このことを強く思い知らされた。ほかの生産者と同じく、彼も正規のサンプルをクレービッシュに送るよう求められた。ある日、フランソワは総統の事務所に呼び出された。クレービッシュは苦々しい表情を浮かべてデスクに着いていた。彼の横にはテタンジェのシャンパンの瓶が開けてあった。フランソワに口を開く暇も与えず、総統は噛みついた、「どんなつもりでこの泡の立つドブ水を送ってきたんだ！」まだ二十歳そこそこの短気なフランソワは答えた「誰が気にします？　シャンパンのことをちょっとでもわかってる人たちが飲むわけでもあるまいし」。

テタンジェは逮捕され、ランスのロベスピエール監獄に投げこまれて数日間留め置かれた。彼には仲間がたくさんいた。というのは、監獄には同様な罪で収容された他のシャンパン生産者たちがいて「まるで我が家のようにくつろげる場所」になっていたから。

月日が経つにつれ、クレービッシュの要求はますます過酷になっていき、時には週に五十万本を強要した。またシャンパンメーカーの行動に対していっそう用心深くなり、従業員がカーヴに立ち入るときは必ずドイツ人将校も同行するよう命じた。

いっぽう、戦争による物不足でメーカーでは瓶やコルクや砂糖が底を突きかけていた。ブドウ栽培者のほうは化学肥料やブドウの病気治療用の硫酸銅を入手できなかった。さらには馬にやる干し草も充分ではなかった、といっても、馬が軍隊に徴用されていなかったらの話ではあるが。

シャロン委員会が発足したときには、誰もこんな問題に直面させられるとは想像していなかったし、ワイン総統のような男と付き合うことになるとも思っていなかった。だが今や誰もが、自分たちを代表するもっと力のあるもの、あるいは力のある人間が必要だということを悟った。

クレービッシュに勇敢に立ちむかう人格と意志力を持つ人物が一人だけいるように思えた。ロベール＝ジャン・ド・ヴォギュエ伯爵――最大のシャンパン・メーカー、モエ・エ・シャンドンの社長だった。ド・ヴォギュエはヨーロッパの王家の多くと縁戚関係にあり、彼の一族はフランス最良のブドウ畑を何か所か所有していた。弟はヴーヴ・クリコの社長であり、従兄弟の一人はブルゴーニュでもとびきり名声の高いブドウ畑《ドメーヌ》を経営していた。たとえある酒倉にド・ヴォギュエのワインしか収まっていないとしても、それは世界有数の酒倉であると言われていた。

ド・ヴォギュエはシャンパーニュ人の代表を引き受けることに同意した。彼の最初の一歩は、一九四一年四月十六日、シャンパーニュワイン生産同業者委員会《コミテ・アンテルプロフェショネル・ヴァン・ド・シャンパーニュ》（ＣＩＶＣ）を発足させることで踏み出された。これはブドウ栽培者とシャンパン生産者が共同戦線を張り、声をひとつにして弁ずる機会を持つための統括組織である。だが最も重要な「声」はド・ヴォギュエのそれであり、クレービッシュはその声を聞く用意はできていた。

二人は定期的に会って商品割当て量を算出し、価格交渉をし、不足高を埋め合わせ、ほかにも問題が発生すればなんでも解決した。二人の会合は常にビジネスライクなものだったが、ワイン総統が相手に敬服し、その家柄に大いに感心しているのは明らかだった。ド・ヴォギュエは練達の交渉相手であり、あるとき非常な説得力を発揮したので、クレービッシュは七百人のフランス人捕虜釈放のため上官に口添えすることに同意した。ド・ヴォギュエによれば、この捕虜たちの技術はシャンパンの生産を続けるために欠かすことのできないものだった。

それでもワイン総統は、相手が自分に圧力をかけているとか、相手に利用されていると感じたときには、強権を発動することをためらわなかった。たとえばモーリス・ポル＝ロジェとジョルジュ・ポル＝ロジェがクレービッシュの大量の商品割り当てに応じられないと文句を言ったとき、彼は言い返した、「日曜も働け！」

そのころ、クレービッシュは新たな事態が進行しているのに気づきはじめていた。シャンパーニュはフランスのレジスタンスの主要拠点になっており、ここのレジスタンスは最高度の機密保持能力と組織力を持っていた。シャンパンメーカーのクレイェールや地下回廊は、連合軍が落下傘でフランスに投下した武器弾薬の絶好の保管庫だった。なかでも最大の隠し場所のひとつがパイパー＝エドシックのメゾンである。クレイェールはまた、ゲシュタポから逃げている者に隠れ家を提供していた。ジョゼフ・クリュグとジャンヌ・クリュグも、撃墜された連合軍の飛行士たちが国外に脱出できるまで、彼らを自家の洞穴にかくまった。リュイナールでは、かなり異様な形のレジスタンス活動が行なわれていた。

ここの従業員は、何度かのシャンパンの出荷にはっきりしたパターンがあることに気づいていた。驚くほど大量の委託品が送られた先で、そのあとたいてい軍事攻勢が始まるのだ。それが最初に起きたのは一九四〇年のことで、ドイツ公館は小さいのが一つあるだけのルーマニアに何万本ものシャンパンを送るよう注文が来たが、その数日後にドイツ軍はルーマニアに侵攻したのだ。翌年またも大量の注文があったが、その瓶は〝非常に暑い国に〟送れるよう特製のコルク栓と特別の梱包を求められた。ロンメル元帥が北アフリカ作戦をそこで開始したとき、その国がエジプトであることが判明した。このパターン現象の情報はイギリス課報機関に伝達された。

しかし最も重要なレジスタンスの中枢はモエ・エ・シャンドンだった。ここは占領の初期にひどい略奪を受け、建物もいくつも焼かれていた。「この状況下では、われわれには抵抗する以外に選択肢はなかった」モエの営業部長クロード・フルモンは説明する。経営陣全体が参加したが、中で最も深く関わったのは東部フランスにおけるレジスタンスの政治機関の長を務めるロベール＝ジャン・ド・ヴォギュエだった。

一九四三年になるとゲシュタポは疑いを強め、ヴォギュエとその同僚たちを監視しはじめた。十一月二十四日、ヴォギュエとフルモンは収穫について話しあうため、クレービッシュの執務室に呼ばれた。話を始めて三〇分経ったころ電話が鳴り、ワイン総統が受話器を取った。彼の顔に驚きの表情が走った。数秒後、リヴォルヴァーを手にした二人の男が部屋に飛びこんできてヴォギュエとフルモンに手錠をかけた。二人はレジスタンス幇助の罪に問われ、フルモンはブーヘンヴァルトの強制収容所に送られ、ド・ヴォギュエは軍事法廷に引き出されて死刑判決を受けた。

衝撃の波がシャンパーニュを揺さぶった。十一月二十九日、歴史上初めてシャンパーニュ全土がストライキに突入した。クレービッシュはこれを「テロ行為」と呼び、ただちにストを止めなければ手ひどいしっぺ返しがあるぞと警告した。抗議行動はエスカレートした。クレービッシュは自分の手札のほうが弱いのがわかっていた。シャンパーニュ人なしでは、彼はベルリンが要求するシャンパンを供給できない。いっぽうベルリンのほうは、フランス国内の市民の騒擾鎮圧に人を割くつもりはなかった。ロシア戦線の破局的な展開に全兵力を必要としていたのだ。

クレービッシュは、最後には自分がロシア戦線で終わるかもしれないと恐れて、譲歩した。ド・ヴォギュエの死刑宣告は延期され、ストライキはようやく終わったが、その前にほとんどすべてのシャンパンメーカーが重い罰金を科せられた。最悪の被害をこうむったのはモエ・エ・シャンドンだった。直接ドイツの監督下に置かれ、経営陣は全員収監されてしまった。

一九四四年の半ばになると――とりわけDデイ以後は――、ドイツ軍は自分たちの命運が尽きたのを悟り、より激しい弾圧にとりかかった。逮捕、強制移送、そして処刑が急激に増加した。その七月、オットー・クレービッシュは大量のシャンパンを注文した。そしてそれから三週間後、突然それをキャンセルし、ドイツに帰国した。何百万フランもの未払いがあとに残された。

ドイツ軍はエペルネに大量のダイナマイトを貯蔵していた。撤退を余儀なくされたときは町にあるカーヴや橋を爆破する計画を持っていたのだ。だが八月二十八日、ジョージ・パットン将軍率いるアメリカ第三軍が完全に敵の不意を突いてエペルネに侵攻し、町は救われた。

これ以後、この地域の連合軍の砲撃が激しさを増した。目標のひとつがモンターニュ・ド・ランスの北斜面にあるブドウ栽培者たちの小さな村、リリーだった。当初、なぜ連合軍がこれほど徹底してそこを砲撃しているのか誰にもわからなかった。解放後にようやく、ドイツ軍がV2ロケットを隠すのにそこのトンネルを使っていたことが知られるようになった。

一九四五年の春、ランスの町はひとりの著名な住人を迎えることになった。連合軍最高司令官ドワイト・D・アイゼンハウワー将軍が、最終作戦を監督し、ドイツの無条件降伏を待つために、この地に司令部を移したのだ。「ここは降伏を迎えるにふさわしい場所だ」ある住民は言った、「わずか三十年前、ドイツが多大な被害を与えたこの町は」。

降伏文書の調印は五月七日の午前二時四十一分に町の工業大学で行なわれた。「さて」とそのあとアイゼンハウワーは言った、「ここはひとつシャンパンを飲《や》らなくちゃな」。瓶が一本出され、コルクが開けられた。それは気が抜けていた。アイゼンハウワーは家に帰って床に着いた。

八時半に彼はふたたび起きて、ランディ大通りを下り、司令部に向かった。到着して彼がまずやったのは、正式な祝いのために部下の一人にシャンパンを六ケース、つまり七十二本取りにやらせることだった。そのシャンパンは特別なものだった——多くの人が激賞するポメリー・エ・グレノの一九三四年物。

後にある歴史家が書いたように、戦争の最後の爆発はシャンパンのコルクがポンポンと抜ける音だった。

エピローグ　雄々しいワインたち

長い旅だった。アッティラの幕営地から始まったこの旅は、フランスを内戦寸前まで追いやった一九一一年暴動の中心地であるブドウ栽培地帯を経て、第一次大戦の塹壕へと私たちを導き、最後は第二次大戦の戦場で終わった。この間ずっと、私たちは幽霊の軍団と旅をともにしているように感じていた。

マルセル・サヴォネがいた。ドン・ピエール・ペリニョンもいた。第一次大戦を体験したこの友人は百六歳の誕生日を祝った直後に亡くなった。もはや神話ではなく、まさに私たちが歩んだそのブドウ畑で働いていた実在の人物として。さらにはアルベール・コルパールもいた。ポメリー・エ・グレノのブドウ畑主任の魂は今もシャンパーニュのブドウ畑の空を舞っている。第二次マルヌ会戦前にランスの住民が疎開したとき、コルパールはあとに残って管理人としてポメリーを守ると主張した。毒ガス弾がシャンパンメーカーを襲い、火災が発生したとき、彼は駆けつけて消火にあたった。だがガスマスクを着けての作業は不可能に近く、コルパールはマスクをかなぐり捨てて火を消し止めた。戦争中の英雄的行為に対して政府から勲章を授かって数か月後、コルパールはガスの毒に冒されて死んだ。

ロベール＝ジャン・ド・ヴォギュエはもっと幸運だった。彼はナチの死の収容所の恐怖を生き延びた。

だがそれも辛うじてだ。ド・ヴォギュエの息子ギランによれば、一九四五年に家に戻ってきた病みやつれた男が誰だか、家族ははじめわからなかったという。ド・ヴォギュエはやがて回復し、モエ・エ・シャンドンをフランス最大（一九六二年まで）のファミリービジネスに育て上げた。彼が設立した組織CIVCは戦時中にその気骨を証明したが、全シャンパン産業の監督機関として今日まで存続している。

シャンパンについて語ることは、「何かを生き延びること」について語ることだ。それが戦争であれ、悪天候であれ、凶作であれ、フィロキセラのような病虫害であれ、さらには不買運動であれ。たとえばフランスがイラク戦争への参戦を拒んだあと、アメリカ人がフランスワインの不買運動を行なったが、シャンパンは除外された。抗議行動によって痛手を受けるどころか、販売量は増加したのだ。

何が起ころうと、シャンパンは発展し、時代に適応し、形勢不利を物ともせず前進していくように見える。今日、シャンパンは数十億ドルの産業である。ほんの数年前と比べても大変な相違だ。大きいことは必ずしも悪いことではないが、ピエール・ランソンはそれを少し悲しむべきものと見ている。

「今、事業はすっかり変わってしまっている」、ランソン社がもう一族の経営ではなくなったことに触れながら、彼は昼食の席で私たちに語った。他のシャンパンメーカと同じく、ランソンは大企業に買収された。最初は巨大複合企業LVHMに、次いで二百以上のシャンパンのブランドをつくっているマルヌ・エ・シャンパーニュに。「ある意味で私たちは、自分たちの成功の犠牲者です」彼の妻エレーヌは言った。「自分たちの事業を財政的に支えることができなくなってしまったのです」

「今のシャンパンはお金の問題があまりに大きくなってしまっている」ピエールはつけ加えた。「私の父の時代には、人が大事だった」。ピエールの父親ヴィクトールは第二次大戦中の暗い日々に、自分の会社を支えた。「あれが父だ」ピエールは壁の写真を指さしながら言った。「父は決まって週に二回、ブドウ畑とカーヴを歩きまわった。従業員たちとのふれあいを失いたくなかったからだ」

私たちが質問を挟む前に、ピエールは父親の話を始めた。「父はいつも優雅で、決して老けなかった。九十八歳になってもね」。ヴィクトールは第一次大戦時には砲兵隊の将校で、ヴェルダンでの十八か月を生き延びた。「だが、父が死んだときの話をさせてくれ」ピエールは言った。彼はそのときのことを思い出して微笑んだ。

「一九六七年のことで、父の侍医がいつもの往診に来ていた。父はいつもどおり仕立てのいいスーツを着ていた。彼は医者を招き入れてシャンパンを一杯もてなし、自分にも注いだ。二人はシャンパンをすすりながらほんの少し話をしていたが、それから父が言った『申しわけないが先生、あなたにご面倒をかけなきゃいけないようだ』。そう言って父は死んだ。まだ片手にシャンパングラスを握ったまま」

「素敵な話じゃないかね？」ピエールは言った。

私たちはうなずいた。だがそのころ、すでに私たちはシャンパーニュで実にたくさんの素晴らしい話を聞いていた。心暖まる話もあれば、悲痛な話もあった。ここでは、思い出はそう簡単に消えるものではないのだということを私たちは知った。歴史的な建造物や伝統や墓地が、思い出が生き延びることを助けている。ワインそのものもまたその助けになっているのだ。とりわけ第一次大戦中につくられたワインが。あのような身の毛のよだつ状況のもとでつくられたワインには、何か魔術的なもの、ほとんど超自然的なものが宿っている。「あれほど勇気をもってつくられたワインはほかにない」ある作家は書いている。「あのワインたちは天の祝福を受けたのだ」

これらのワインとそれをつくった人々への最良の墓碑銘はおそらく、シャンパーニュで長年仕事をしたパトリック・フォーブスによって書かれた。「ブドウの木への愛はあまりに大きく、戻ってくる者たちに何かを残そうという決意はあまりに固かったので、彼らは日々、ブドウの木のためにその命を危険にさらし、時には命をなくしたのだ」

つくり手が世を去ったあとも長い命を保っているこの戦時中のヴィンテージは、手を差しのべて、それを味わう特権を与えられた人々の魂をつかむ。モーリス・ポル＝ロジェのつくった一九一四年物、停戦協定が調印されたときに「美しく飲まれた」、彼の言う「勝利のワイン」もそのようなものだ。

三十年後、シャンパーニュがふたたび解放されたとき、モーリスはもう一本のコルクを抜いた。「壮麗な黄金色」と彼は手帳に書いている。「ほんのわずかの泡しか残らないが、実に魅力的なコーヒーとヴァニラの香り。驚くべきワインの風味、そして力強いオレンジとトーストとラムの味が口の中でなめらかなクリームのようにひろがる」

ブドウの刺激的な酸味が、一九一四年物をこれまでつくられた最も偉大で最も寿命の長いワインのひとつにしており、八十年以上を経た一九九八年においてもなお激賞されている。「私の生涯で最も偉大なワイン体験」と、世界でも指折りのシャンパンのエキスパート、リシャール・ジュランは言う。「色は深く、黄金の宝塔のように輝いている。味は固めで、素晴らしく甘い(1)」

驚いたことにクリスティアン・ポル＝ロジェが私たちのために一瓶開けてくれたので、この伝説的なシャンパンを自分の舌で味わう特権を授かった。ジュランの言うとおり、それは黄金色で固かったが、もはや「素晴らしく甘く」はなかった。ジュランが味わってから七年のあいだに、かなりの果実味が消え去っていたのだ。それでも、これはひとつの啓示だった。オリュンポス山に登るのと同じだ。すべての神々が家にいないからと言って不平を言う人がいるだろうか？

多くの人が一九一四年物を二十世紀最高のシャンパンと見なしているいっぽう、一九一五年物はやや後塵を拝している。クロード・テタンジェが思い出すのはこちらのシャンパンだ。それは彼が生まれて初めて飲んだシャンパンである。第一次大戦時には兵士だった父親が、クロードの最初の聖体拝領を祝うために昼食のときに出してくれたのだ。

「父は、家族の特別な祝いのときはいつもちょっとしたスピーチをやった」クロードは言う。「父が私たちに、このシャンパンは爆弾の下で摘まれたブドウでできたことを忘れないようにと言ったのを憶えている。多くの人が命を失ったおかげでこのブドウが収穫できたのだと。父は、この中にはフランスの血が流れていると言った」

「父の言うことはほんとうだと私は感じた。そのシャンパンにまさしく何滴かの血が混じっているような気がした。私は今七十九で、あのとき以来毎日少量のシャンパンを飲んでいる。だが一九一五年物は今も私といっしょにいる。一度もその味を忘れたことはない」

毎年春になると、シャンパーニュではブドウの木が涙を流しはじめる。フランス人はこれを〝涙の時《レ・プルル》〟と呼ぶ。剪定によって受けた傷から樹液が流れ出すのだ。

何世紀にもわたる多くの戦争とトラウマを考えれば、シャンパーニュとそのブドウの木には涙を流す充分な理由があった。だが、ブドウの木が流す涙は希望の象徴であり、木がまたひとつ冬を乗り越えて新たな成長を迎える徴《しるし》なのだ。

私たちが旅の途中で立ち寄るべき場所がもうひとつあるのに気づいたのは、ブドウの木が涙を流しているそんな春のことだった。私たちはこれまで、風景の中に点在する膨大な数の墓地をわざわざ訪れることは一度もなかったし、ランスを中心とした半径七五キロ以内に五十万基以上の墓があるという事実にはっきり目を向けることもしてこなかった。

この事実は私たちにアラン・シーガーのことを思い出させた。この若いアメリカ詩人はソンムで戦死し、ベロワ＝アン＝サンテールに近い集合墓地に埋葬されたのだ。

六千十二人以上が埋葬されているランスに近いオワーズ＝エーヌ・アメリカン・セメタリーで、私たちはもうひとりの詩人、ジョイス・キルマーの墓を訪れた。「僕は決して見ることはないだろう／一本の木のように美しい一編の詩を」という彼の詩の言葉が、このとき初めて、信じがたいほどの感動と痛切さで私たちの胸を撃った。キルマーの墓の前にたたずんでいると、濃い霧が沸いてきて、大理石の十字架とダビデの星をおおい隠し、墓地を囲むプラタナスの木を幽霊のような姿に変えた。

数分後、私たちは、遺体がまったく収容されなかった二百四十一人のアメリカ兵の名を大理石に刻んだ小さな礼拝堂に歩いていった。名前を読んでいると、鐘楼のチャイムが『蛍の光《オールド・ラング・ザイン》』を奏しはじめた。その音楽を聞いていると、五十年前にこの同じ墓地を訪れたもうひとりの作家の言葉が胸に浮かんだ。

戦いが終わり、兵士たちが皆去ったあと、大戦争のほんとうの英雄——死者たちが、月影の下、広大な墓地にふたたび集まるだろう。墓地の十字架群は決して実を結ばなかったブドウの木々そのものに見える。そしてそこで、もう一度シャンパンが讃えられるだろう。(2)

私たちも家に帰る時が来た。

訳者あとがき

「新しいご馳走の発見は人類の幸福にとって天体の発見以上のものである」というのはブリア・サヴァランの『美味礼賛』の中の有名な言葉だが、シャンパンという酒の〝発見〟も、人類の幸せにとって星の二つや三つの発見にまさる多大な福音であったろう。本書は十七世紀における〝発見〟から第二次大戦終了時に至るまでのシャンパンの長い歴史をたどった Don & Petie Kladstrup: *CHAMPAGNE: How the World's Most Glamorous Wine Triumphed Over War and Hard Times*（2005,William Morrow）の全訳である。

著者のクラドストラップ夫妻はパリとノルマンディに住まいを持つアメリカ人ジャーナリストで、フランスやワインについて多くの記事を雑誌などに書いてきたが、二〇〇一年に刊行した *Wine and War*（邦訳『ワインと戦争――ヒトラーからワインを守った人々』村松潔訳、飛鳥新社）が全米の書評で賞賛され、ベストセラーとなって一躍名を上げた。これは、第二次大戦中、ブルゴーニュ、ボルドー、シャンパーニュなどフランスの有名ワイン産地の生産者たちが、彼らのワインを略奪しようとするナチといかに闘ったかを描いたノンフィクションである。

さてその著者たちの第二作である本書の第一の読みどころは、シャンパンに関わった並はずれて個性的な人物たちをめぐる興味深い逸話の数々だ。「シャンパンの父」と呼ばれるが実はワインから泡を取り除くことに終生腐心したドン・ペリニョン、ワインはほとんどシャンパンしか飲まなかった太陽王ルイ十四世、若い頃にシャンパンと出会い、皇帝になってからも遠征前には必ずシャンパーニュを訪れたナポレオンなど、歴史上の有名人の意外な側面に驚かされる。さらには有名シャンパンメゾンの歴代の主たちも大変に魅力的である。ルイ十五世の愛人ポンパドゥール夫人にシャンパンを飲ませて、「飲んだあとも女性が美しいままでいられるただひとつのワイン」と言わしめたクロード・モエ、ナポレオンの終生の友で、ロシアのアレクサンドル皇帝らヨーロッパ中の支配者にシャンパンを売ったジャン＝レミ・モエ、アメリカへのシャンパン輸出に大成功を収めたが、南北戦争中にスパイとして投獄された「シャンパン・チャーリー」ことシャルル・エドシック、普仏戦争の困難を乗り越え、辛口のシャンパン「ブリュット」を開発した女傑、マダム・ポメリー。本書では、中世から現代に至るこれらの多彩な人物の人間像が生き生きと描かれる。

そして本書の第二の読みどころであり、実は著者たちがもっとも力を注いでいるのは、このシャンパンを生んだ土地、シャンパーニュ地方が経験した信じがたいほどの苦難に満ちた歴史である。紀元前一世紀のローマ帝国による征服、五世紀のフン族のアッティラの侵入に始まり、この地は繰り返し外部からの侵略と戦争の被害を被ってきた。中でも、すぐ北方のドイツの侵入が、いくたびもシャンパーニュを苦しめた。普仏戦争、第一次大戦、そして第二次大戦。そのたびにシャンパーニュの人々は、自分たちの生命とシャンパンを守るために必死の闘いを強いられたのである。とりわけマルヌ一帯が大激戦地となり、シャンパーニュの村々の多くが地下のカーヴで避難生活を送った第一次大戦期に、著者は多くの紙数を費やしている。

このようにシャンパンおよびシャンパーニュ地方の歴史は、フランス史はもとより、広くヨーロッパ、さらには世界の歴史と密接に結びついているが、本書は明快な筆致で、時に愉快に、時に悲痛に、そして時にきわめて感動的に、その大きな時空間をくっきりと浮かび上がらせる。

さて、「幸福な時」や「祝祭」の象徴であるシャンパンはもちろんわが日本でも人気が高く、最近ではシャンパンバーやシャンパンレストランと称するお店も増え、女性誌などでもよくシャンパン特集を目にする。一種のミニ・シャンパンブームかもしれない。ただ結婚式の披露宴などでシャンパンと称して未だにシャンパンならざる発泡ワインが注がれたり、本来シャンパンをかけ合うべき（？）プロ野球の優勝祝賀会で同じ泡とは言えビールかけになってしまうのを見ると、「祝祭」がなんとなく侘びしく感じられ、大げさに言えば、日本のシャンパン文化未だしの感が強くなる。確かにシャンパーニュ産でない発泡ワインにもシャンパンに負けず劣らず美味しいものはたくさんある（イタリアのスプマンテ「フランチャコルタ」などは好例）。だが、味や見かけはそっくりでも、それらは不思議なことにシャンパンを飲むときのような幸福感や浮き浮きした気分を与えてはくれない。なぜか？　それはまさに、シャンパンが「象徴」であるからにほかならないだろう。象徴は本物でなければならず、いかによく似ていても、そうでないものは象徴にはなれない。もちろん値段の問題ではない。シャンパンよりはるかに高価だが象徴にはなれないワインは山ほどあるのだ。本書はシャンパンが多くの「受難」を克服し、いかにして幸福な時間や祝祭の象徴になっていったかを教えてくれる。本書を読むことで、シャンパン好きの（そもそも嫌いな人はいるのだろうか？）読者のシャンパンを飲む時間がさらに幸せになってくれることを願っている。

なお、訳出にあたり、原書に登場する人名・地名などの固有名詞は原音表記に忠実を心がけたが、シャンパンのブランド名（大半がそのメゾンの創始者の名前だが）については、現在わが国で一般に流布しているものに従った。

最後になったが、英語、特にアラン・シーガーの詩に関して訳者のいくつもの質問に答えてくださった満谷マーガレットさん、岸本佐知子さんに厚くお礼を申し上げる。また頻出するフランス語についてご教示いただいた鈴木美登里さん、ありがとう。そしてこの本を訳す機会を与えていただき、編集を担当してくださった白水社の芝山博氏には感謝の言葉もない。

二〇〇七年七月

平田紀之

使用図版リスト

1 Musée Condé in Chantilly. Réunion des Musées Nationaux / ©Harry Bréjat
2 Collection Moët & Chandon / © Xavier Lavictoire
3 Collection Moët & Chandon / © Michael Kenna
4, 18, 22, 23, 24, 36, 37, 38, 39, 42
Collection Christian Schopphoven
5 Musée du Louvre. Réunion des Musées Nationaux / © Hervé Lewandowski
6, 27
Courtesy of Veuve Clicquot-Ponsardin
7, 26, 43
Collection Moët & Chandon
8, 9
Courtesy of Charles Heidsieck Champagne
10, 11, 12, 25, 28, 30, 31, 32, 33, 34, 35
Courtesy of Pommery & Greno
13, 14
Collection Moët & Chandon
15, 16, 17, 19, 20, 21, 40
Courtesy of Médiathèque, Epernay
29 Courtesy of Mary Roche Whittington
41 Courtesy of Pol Roger & Cie

エリン・マッコイ　立花峰夫・立花洋太訳

ワインの帝王　ロバート・パーカー

ワイン愛好家に絶大な影響力をもつ男の評伝。百点法の採用の是非などについて、長時間インタヴューをもとに執筆。信奉者のみならずアンチ・パーカー派も必読。

ジャッキー・リゴー　立花洋太訳

ブルゴーニュワイン 100年のヴィンテージ 1900－2005

この年は「悪い」「平凡」それとも「偉大」？　名だたる醸造家や醸造所が残した記録をもとに百年にわたるヴィンテージを解説。ブルゴーニュ愛好家必携の書。

ジャッキー・リゴー　立花洋太訳／立花峰夫監修

ヴォーヌ＝ロマネの伝説

アンリ・ジャイエのワイン造り

二十世紀最高の天才醸造家がワイン造りの神髄を語る。テロワール、ヴィンテージ、ブドウ栽培、醸造・熟成に至る全プロセスが自身の言葉によって説き明かされる。

パトリック・マシューズ　立花峰夫訳

ほんとうのワイン

自然なワイン造り再発見

醸造への近代技術の過度の適用は、様々な弊害をもたらした。本書は先進的な醸造家の実践を通して伝統的なワイン造りへの回帰を呼びかけるものである。

マット・クレイマー　阿部秀司訳

ブルゴーニュワインがわかる

ワイン界の「知的ゲリラ」マット・クレイマーが、ぶどう畑と作り手の個性に焦点をあて、土地とぶどうと人が作りあげたブルゴーニュの魅力を知的にときあかす。

山本 博

ワインが語るフランスの歴史

フランスを代表する最もエレガントな文化、ワインを通して見るフランス史。ワインにまつわる逸話を読みながら、フランスが誇る銘醸ワインを味わいたい。

訳者略歴
平田紀之（ひらた・のりゆき）
1946 年東京生まれ
横浜市立大学卒
翻訳家・フリー編集者
山岳書を中心に訳書多数

シャンパン歴史物語　その栄光と受難

2007 年 7 月 5 日　印刷
2007 年 7 月 25 日　発行

訳　者 ©　平　田　紀　之
装丁者　岡　本　洋　平
発行者　川　村　雅　之
印刷所　株式会社　精興社

発行所　〒101-0052　東京都千代田区神田小川町 3 の 24
電話　03-3291-7811（営業部），7821（編集部）
http://www.hakusuisha.co.jp
株式会社　白水社

乱丁・落丁本は，送料小社負担にてお取り替えいたします.

振替　00190-5-33228
松岳社（株）青木製本所

ISBN978-4-560-02765-3

Printed in Japan

原注

序章

(1) アッティラの物語は以下を含む種々の資料による：Patrick Forbes, *Champagne: The Wine, the Land and the People* (London: Victor Gollancz, 1985), 83-84.
(2) 表題のない文書：CIVC (Comité Interprofessionnel du Vin de Champagne) archives, 51.
(3) From Frederick S. Wildman, *A Wine Tour of France* (New York: Vintage Books, 1976), 42.
(4) Forbes, *Champagne*, 92-93.
(5) クローヴィスの物語は以下による：Robert Tomes, *The Champagne Country* (New York: Hurd and Houghton, 1867), 49.
(6) Leonard Smith, Stéphane Audoin-Rouzeau, and Annette Becker, *France and the Great War* (Cambridge: Cambridge University Press, 2003), 181.
(7) Correlli Barnett, *The Great War* (London: BBC Worldwide, 2003), 87.
(8) 同上 9.

第 1 章

(1) Patrick Forbes, *Champagne: The Wine, the Land and the People* (London: Victor Gollancz, 1985), 90.
(2) Henry McNulty, *Champagne* (London: William Collins Sons & Co., Ltd., 1987), 30.
(3) Forbes, *Champagne*, 98.
(4) 村人の証言は表題のない文書より：CIVC archives, 60-63.
(5) ドン・ペリニョンについての主な典拠は：François Bonal, *Dom Pérignon: vérité et légende* (Langres: Editions Dominique Guéniot, 1995) and René Gandilhon, *Naissance du champagne* (Paris: Hachette, 1968).
(6) Bonal, *Dom Pérignon,* 34.
(7) René Gandilhon, *Naissance du champagne,* 30.
(8) 以下を含む種々の資料：Bonal, *Dom Pérignon,* 59-60.
(9) ルイ十四世の生活と健康に関する主たる資料は、*Journal de santé de Louis XIV,* Stanis Perez, ed. (Grenoble: Editions Jérôme Millon, 2004)

の中の何人かの医師による記録、および Prince Michael による評伝 *Louis XIV: The Other Side of the Sun* (London: Orbis Publishing, 1983), さらに Nancy Mitford, *The Sun King: Louis XIV at Versailles* (London: Sphere Books Limited, 1966).

(10) Prince Michael of Greece, *Louis XIV,* 9.

(11) 同上 141.

(12) Forbes, *Champagne,* 94.

(13) ヴァテルの物語は以下による：Frederick S. Wildman, *A Wine Tour of France* (New York: Vintage Books, 1976), 34.

(14) Prince Michael of Greece, *Louis XIV,* 214.

(15) 同上 184.

(16) ジャン=バティスト・ド・サランとピエール・ル・ペシュールの引用は以下による：*Journal de santé de Louis XIV,* 430-34.

(17) 「言葉の戦争」に関する記述の資料は：*Journal de santé de Louis XIV,* 430-34; and Eric Glatre, *Chronique des vins de Champagne* (Chassigny: Castor & Pollux, 2001), 66-98.

(18) Gandilhon, *Naissance du champagne,* 7.

(19) 同上 12.

(20) 同上 11.

第２章

(1) ド・トロワと彼の絵についての情報はパリのカルナヴァレ美術館キュレーター Christophe Leribault、およびシャンティイのコンデ美術館キュレーター Nicole Garnier-Pelle の談話による。

(2) 摂政と小晩餐会に関する記述の資料は、Colin Jones, *The Great Nation: France from Louis XIV to Napoleon* (London: Penguin Books, 2002), 36-73; and Patrick Forbes, *Champagne: The Wine, the Land and the People* (London: Victor Gollancz, 1985), 131.

(3) Hugh Johnson, *The Story of Wine* (London: Mitchell Beazley, 1989), 218-19.（邦訳『ワイン物語——芳醇な味と香りの世界史』上下、小林章夫訳、日本放送協会出版）

(4) Claude Taittinger, *Champagne by Taittinger* (Paris: Stock, 1996), 32.

(5) Hugh Johnson, *Story of Wine,* 219.

(6) フリードリヒ大王と泡についての物語は以下を含む種々の資料による：Serena Sutcliffe, *A Celebration of Champagne* (London: Mitchell Beazley, 1988), 14.

(7) エカテリーナ女帝とロシア宮廷についての記述は同上 14-15.

(8) Hugh Johnson, *Story of Wine*, 219.

(9) 同上 217.

(10) André Simon, *The History of Champagne* (London: Octopus Books, 1971), 58-61.

(11) 瓶の爆発の問題は以下を含む様々な資料に語られている：Forbes, *Champagne*, 152; Johnson, *Story of Wine*, 338; Eric Glatre, *Chronique des vins de Champagne* (Chassigny, Castor & Pollux, 2001), 100; and Cynthia Parzych and John Turner, *Pol Roger & Co.* (London: Cynthia Parzych Publishing, 1999), 17.

(12) クロード・モエのヴェルサイユへの旅については、Forbes, *Champagne*, 415. による。

(13) Tom Stevenson, *Champagne* (London: Sotheby's Publications, 1986), 235.

(14) Nancy Mitford, *Madame de Pompadour* (London: Sphere Books Limited, 1954), 40.（邦訳『ポンパドゥール侯爵夫人』柴田都志子訳、東京書籍）

(15) ルイ十五世とポンパドゥール夫人の会話は以下に引用されたもの：Nancy Mitford, *The Sun King: Louis XIV at Versailles* (London: Sphere Books Limited, 1966).

(16) Forbes, *Champagne*, 132.

(17) Colin Jones, *France* (Cambridge: Cambridge University Press, 1994) 175.

(18) 同上 181-82.

(19) Glatre, *Chronique*, 115.

(20) 王一家の逮捕については Forbes, *Champagne*, 141; and Glatre. *Chronique*, 110-11.

(21) Jones, *France*, 187.

(22) Glatre, *Chronique*, 112.

(23) Johnson, *Story of Wine*, 334.

(24) ナポレオンの子ども時代および学生時代については以下の資料による：Gilbert Martineau, *Madame Mère* (Paris: France-Empire, 1980)；and Felix Markham, *Napoleon* (New York: New American Library, 1963).

(25) ジャン=レミのモエ社社長就任については以下による：Stevenson, *Champagne*, 235.

(26) Glatre, *Chronique*, 110.

(27) 同上 119.
(28) Forbes, *Champagne*, 418.
(29) 同上 144.
(30) Robert Tomes, *The Champagne Country* (New York: Hurd and Houghton, 1867).
(31) Forbes, *Champagne*, 145.
(32) 同上 146.
(33) Georges Clause and Eric Glatre, *Le champagne: Trois siècles d'histoire* (Paris: Stock, 2002), 106.

第３章

(1) トムズのシャンパーニュ来訪についての記述は彼の回想録 *The Champagne Country* (New York: Hurd and Houghton, 1867), 1-5. による。
(2) 同上 25.
(3) 同上 3 章
(4) 同上
(5) 同上 109.
(6) Colin Jones, *France* (Cambridge: Cambridge University Press, 1994), 215.
(7) 同上 176.
(8) ヴーヴ・クリコとルミアージュの発明については以下を含む種々の資料による：Hugh Johnson, *The Story of Wine* (London: Mitchell-Beazley, 1989), 336-37.
(9) Patrick Forbes, *Champagne: The Wine, the Land and the People* (London: Victor Gollancz, 1985), 143.
(10) Eric Glatre, *Chronique des vins de Champagne* (Chassigny: Castor & Pollux, 2001), 122.
(11) Tomes, *Champagne Country.*
(12) Georges Clause and Eric Glatre, *Le champagne: Trois siècles d'histoire* (Paris: Stock, 2002), 88-89.
(13) ロシアにおけるボーヌの販売努力については同上 85-86.
(14) Glatre, *Chronique,* 144.
(15) アメリカ合衆国におけるシャンパン・チャーリーの物語はエドシック家の文書による。
(16) 新聞記事の引用はすべて以下による：Eric Glatre and Jacqueline

Roubinet, *Charles Heidsieck: Un pionnier et un homme d'honneur* (Paris: Stock, 1955), 33.
(17) Tomes, *Champagne Country, 60-61.*
(18) 同上 68.
(19) 同上 115.

第４章
(1) ポメリーについての資料はポメリー・エ・グレノの文書による。
(2) 普仏戦争についての記述は以下による：Geoffrey Wawro, *The Franco-Prussian War: The German Conquest of France in 1870-1871* (Cambridge: Cambridge University Press, 2003).
(3) 同上 221.
(4) 同上 213.
(5) 同上
(6) ホーエンローエの話はすべてポメリー・エ・グレノの文書による。
(7) 包囲 99 日目のメニューについてはクロード・テライユと彼のレストラン、ラ・トゥール・ダルジャンによる。
(8) Colin Jones, *Cambridge Illustrated History of France* (Cambridge: Cambridge University Press, 1994), 217.
(9) André Simon, *The History of Champagne* (London: Octopus Books, 1971), 96.
(10) *Le livre d'or du Champagne* (Lausanne: Editions du Grand-Pont, 1984), 167.
(11) Patrick Forbes, *Champagne: The Wine, the Land and the People* (London: Victor Gollancz, 1985), 160-61.
(12) 同上
(13) ナイジェリアのラゴスでイギリス兵にシャンパンを運ぶポーターの話はモエ・エ・シャンドンの文書による。
(14) *Folklore de Champagne*, no. 75 (1981).
(15) 同上
(16) 万博の歴史とシャンパンの人気については以下による：Johannes Willms, *Paris, Capital of Europe: From the Revolution to the Belle Époque* (New York: Holmes & Meier, 1997), 337.
(17) メルシエと彼の気球についてはメルシエの文書による。
(18) Forbes, *Champagne*, 157.
(19) Eric Glatre, *Chronique des vins de Champagne* (Chassigny: Castor &

Pollux, 2001), 274-75.

（20） シャンパンの偽ブランドについては以下による：Robert Tomes, *The Champagne Country* (New York: Hurd and Houghton, 1867), 82-83.

（21） 偽ポメリーについては以下による：Forbes, *Champagne*, 197.

（22） Hervé Luxardo, *Le Peuple Français, Edition 5, Premier Trimestre*, 25.

（23） Louis Estienne, *Au jour le jour: Journal, 1909-1914* (Landreville: La Maison Pour Tous, 1961), 8-9.

（24） Willms, *Paris, Capital of Europe*, 338.

第5章

本章は主に地元住民とのインタビュー及び3巻本の *Folklore de Champagne*, nos.67,75,78による。いくつかの話は、Cyril Ray, *Bollinger: Tradition of a Champagne Family* (London: Heinemann-Kingswood, 1971), 67-87また *Figures champenoises d'Autrefois*. に掲載されたフロンソワ・ボナルによる記事、特にガストン・シェクの小伝から録られている。歴史的背景については Jean Nollevalle, *1911: L'agitation dans le vignoble Champenois* (Épernay: La Champagne viticole, 1961）及び the diary of Louis Estienne, *Au jour le jour: Journal, 1909-1914* (Landreville: La Maison Pour Tous, 1961). にもよっている。

第6章

（1） ウタンの日記も含めポメリーについての資料はポメリーの文書による。

（2） Cynthia Parzych and John Turner, *Pol Roger & Co.* (London: Cynthia Parzych Publishing, 1999), 90.

（3） 同上91.

（4） ガリエニとマルヌのタクシー部隊については以下による：Colin Jones, *France* (Cambridge: Cambridge University Press, 1994), 244.

（5） C. Moreau-Berillon, *Au pays du Champagne: Le vignoble, le vin* (Reims: L. Michaud, 1924), 285-86.

（6） 同上

（7） 同上

（8） シャルル・ワルファールの話は以下による：Rob Robinson and Paula Jarzabkowski, *Champagne 1914: A Great Wine at the Start of the Great War*（未発表原稿）

（9） ランス大聖堂の崩壊と二人の神父の話はポメリーの文書による。

（10） ポル＝ロジェの 1914 の収穫の話は以下による：Parzych and Turner, *Pol Boger*, 92-95.
（11） Leonard Smith, Stéphane Audoin-Rouzeau, and Annette Becker, *France and the Great War: 1914-1918* (Cambridge: Cambridge University Press, 2003), 89.
（12） 同上 110-11. Nathalie Simon も "Soudain, un arbre de Noël," *Le Figaro* (December 10, 2004), 28. で書いている。

第 7 章

（1） クレイェールでのオペラの記述は以下による：Patrick Forbes, *Champagne: The Wine, the Land and the People* (London: Victor Gollancz, 1985) 182.
（2） 地下の生活についてのその他の詳細は主にポメリーの文書による。
（3） François Bonal, *Le livre d'or du Champagne* (Lausanne: Editions du Grand-Pont, 1984), 174.
（4） Albert Chatelle, *Reims, ville des sacres: Notes diplomatiques et secretes et récits inédits* (Paris: Téqui, 1951).
（5） ポール・ポワレの物語は以下による：François Bonal, *Le livre d'or*, 174.
（6） C. Moreau-Berillon, *Au pays du Champagne: Le vignoble, le vin* (Reims, L. Michaud, 1924), 288.
（7） François Bonal, *La chronique de François Bonal* (Épernay, 1984).
（8） ヘルマン・フォン・マムの出発は以下に詳述されている：Eric Glatre, *Chronique des vins du Champagne* (Chassigny: Castor & Pollux, 2001), 301.
（9） Cynthia Parzych and John Turner, *Pol Boger & Co.* (London: Cynthia Parzych Publishing, 1999), 98.
（10） ポル＝ロジェとマルヌ県知事の決闘の資料はポル＝ロジェの文書による。
（11） 愛国的なキュヴェについては以下による：François Bonal, *Le livre d'or*, 175.
（12） マムのカーヴでの葬儀の模様は以下に詳述されている：Forbes, *Champagne, 185.*
（13） 士気を鼓舞するためのシャンパンの使用については以下に説明されている：Bonal, *Le livre d'or*, 175.
（14） アランー・シーガーの物語は彼の書簡、詩、日記による。

（15）　ポメリー・エ・グレノの破壊とコルパールの物語はポメリーの文書による。

第８章

（1）　Leonard V. Smith, Stéphane Audoin-Rouzeau, and Annette Becker, *France and the Great War: 1914-1918* (Cambridge: Cambridge University Press, 2003), 116.

（2）　Richard N. Current, T. Harry Williams, and Frank Friedel, *American History: A Survey* (New York: Alfred A. Knopf, 1961), 646-57.

（3）　ロシアのシャンパーニュ及びロデレールとの関係はインタビューに基づく。

（4）　Correlli Barnett, *The Great War*, rev. ed. (London: BBC Worldwide Ltd., 2003), 87.

（5）　兵士にシャンパーニュを支給するフランス国民議会の決議は以下に詳述されている：Eric Glatre, *Chronique des vin de Champagne* (Chassigny: Castor & Pollux, 2001), 306.

（6）　ペタンの敗北主義と更迭については以下に述べられている：Smith, Audoin-Rouzeau, and Becker, *France and the Great War*, 149-50.

（7）　Albert Chatelle, *Reims, ville des sacres: Notes diplomatiques et secretes et récits inédits* (Paris: Téqui, 1951), 146.

（8）　ランスの疎開は同上 241. による。

（9）　確信に満ちたドイツ軍とシャンパンを運ぶための列車の用意については以下に報告されている：*Reims à Paris*, December 18, 1918.

（10）　ランスを守ればシャンパンを支給すると約束された植民地軍の話は以下による：François Bonal, *Le livre d'or du Champagne* (Lausanne: Editions du Grand-Pont, 1984), 175.

（11）　Barnett, *The Great War*, 178.

（12）　同上 179.

（13）　同上 209-10.

（14）　Smith, Audoin-Rouzeau, and Becker, *France and the Great War*, 158.

（15）　Chatelle, *Reims, ville des sacres*, 253.

（16）　ウィルソン大統領のランス訪問と町の再建の記事は地方紙 *Reims à Paris* による。

（17）　フィロキセラ禍については以下を含む多くの資料による：Christy Campbell, *Phylloxera: How Wine Was Saved for the World* (London: HarperCollins, 2004), 177-78, 204 (anecdote about circus), 238-41; and

Patrick Forbes, *Champagne: The Wine, the Land and the People* (London: Victor Gollancz, 1985), 165-70.
(18) Campbell, *Phylloxera*, 204-5.
(19) 同上
(20) ポル=ロジェと「勝利とともに飲むワイン」についてはモーリス・ポル=ロジェの私的ノートによる。

第９章
(1) Patrick Forbes, *Champagne: The Wine, the Land and the People* (London: Victor Gollancz, 1985), 191.
(2) François Bonal, *Le livre d'or du Champagne* (Lausanne: Editions du Grand-Pont, 1984), 171.
(3) Cynthia Parzych and John Turner, *Pol Roger & Co.* (London: Cynthia Parzych Publishing, 1999), 103.
(4) 密輸の話は以下による：Forbes, *Champagne*, 190; C. Moreau-Berillon, *Au pays du Champagne: Le vignoble, le vin* (Reims: L. Michaud, 1924), 296。サン・ピエールとミクロンについては以下による：Eric Glatre, *Chronique des vins du Champagne* (Chassigny: Castor & Pollux, 2001), 303.
(5) H. Warner Allen. *A Contemplation of Wine* (London: Michael Joseph, 1951), 186-87.
(6) ポメリーのアル・カポネへのシャンパン密輸の話はグザヴィエ・ド・ポリニャックとのインタビューで語られた。
(7) Gaston Derys, *Mon docteur le vin* (Paris: Draeger, 1936), sec. 17.
(8) Allen, *Contemplation of Wine*, 187.
(9) 西ヨーロッパ経済の不安定な動きについては以下による：Colin Jones, *Cambridge Illustrated History of France* (Cambridge: Cambridge University Press, 1994), 259-60; and Richard N. Current, T. Harry Williams, and Frank Friedel, *American History: A Survey* (New York: Alfred A. Knopf, 1961), 709-27.
(10) Forbes, *Champagne*, 192.
(11) 同上 193.
(12) Glatre, *Chronique*, 329.
(13) 表題のない文書：CIVC archives, 78.
(14) ドン・ペリニョン二百周年及び二百五十周年については以下による：François Bonal, *Dom Pérignon: vérité et légende* (Langres: Editions

Dominique Guéniot, 1995), 176; and Glatre, *Chronique*, 332.

（15） シャロン委員会の設立については以下による：William I. Kaufman, *Champagne* (New York: Park Lane, 1973), 132.

（16） Paul Johnson, *Modern Times: The World from the Twenties to the Eighties* (New York: Harper & Row, 1983), 26.

（17） 同上 343.

（18） Robert O. Paxton, *Vichy France: Old Guard and New Order, 1940-1944* (New York: Columbia University Press, 1982), 12.

（19） 同上

（20） ローラン・ペリエがシャンパンを隠すのに銅像を使った話はベルナール・ド・ノナンクールとのインタビューによる。

（21） Glatre, *Chronique*, 347.

（22） ナチのシャンパン産業乗っ取りについては、Don and Petie Kladstrup, *Wine & War: The French, the Nazis, and the Battle for France's Greatest Treasure* (New York: Broadway Books, 2001)（邦訳『ワインと戦争――ヒトラーからワインを守った人々』村松潔訳、飛鳥新社）のために行なわれた個人インタビューによる。

エピローグ

（1） Richard Juhlin, *4,000 Champagnes* (Paris: Flammarion, 2004), 314

（2） 表題のない文書：CIVC archives, 51.